一饮一食

饮品与甜点的搭配全书

甘智荣 主编

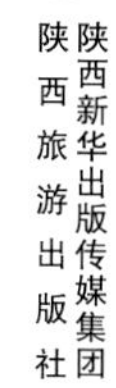

陕西新华出版传媒集团
陕西旅游出版社

图书在版编目（C I P）数据

一饮一食 : 饮品与甜点的搭配全书 / 甘智荣主编.
— 西安 : 陕西旅游出版社, 2018.4
ISBN 978-7-5418-3605-3

Ⅰ.①一… Ⅱ.①甘… Ⅲ.①饮食－文化 Ⅳ.
①TS971.2

中国版本图书馆 CIP 数据核字(2018)第 034855 号

一饮一食：饮品与甜点的搭配全书　　甘智荣 主编

责任编辑：贺　姗
摄影摄像：深圳市金版文化发展股份有限公司
图文制作：深圳市金版文化发展股份有限公司
出版发行：陕西旅游出版社（西安市唐兴路 6 号　邮编：710075）
电　　话：029-85252285
经　　销：全国新华书店
印　　刷：深圳市雅佳图印刷有限公司
开　　本：720mm×1020mm　1/16
印　　张：10.5
字　　数：150 千字
版　　次：2018 年 4 月　第 1 版
印　　次：2018 年 4 月　第 1 次印刷
书　　号：ISBN 978-7-5418-3605-3
定　　价：35.00 元

一杯清香怡人的饮品搭配一款香滑可口的甜点，是停不下来的治愈美食。

许多人注重一日三餐的营养均衡搭配，是爱惜自己身体的一种表达。而三餐之外，那些能让我们放松身心，享受悠闲时光的爽口饮品与美味甜点，也占据着美食餐桌上不可或缺的一角。那么，如何将饮品与甜点合理搭配，才能让每一次体验都惬意且充满乐趣？

本书以饮品分类为序，将深受人们喜爱与欢迎的 4 种代表饮品：茶、蔬果汁、冰沙、咖啡作为一饮一食中的一大主角，与另一大主角甜点搭配，打造出适合饮品与甜点爱好者们使用的饮品与甜点搭配全书。书中甜点种类丰富多样，却都与每一款饮品有着奇妙的联结。其中，蕴含着淡雅清香的茗茶与香甜丰腴、味道浓郁的奶油、坚果、芝士等制成的烘焙制品是天生一对；清爽又健康的蔬果汁与充满浪漫气息的香草、巧克力、可可等制成的烘焙制品搭配，和谐曼妙；冰沙的清凉与酸甜是为了迎合醇香怡人的抹茶、咖啡、椰子、焦糖等制成的烘焙制品而生；花式咖啡则与鲜甜可口的水果制成的烘焙制品及爽滑的布丁最为登对。

图文并茂，做法文字与步骤图、成品图交相辉映；更有制作视频与小贴士助您从零开始轻松学习一饮一食，无负担享受惬意生活。哪一款搭配是您的心头之爱？快把它列入您的美味餐单中，抚慰您的味蕾吧！

PART 1 饮品与甜点，制作的前期准备

PART 2 茶与甜点，甜而不腻伴清香

PART 3 蔬果汁与甜点，最爱这抹清新邂逅

PART 4 冰饮与甜点，让甜点再甜一点

PART 5 咖啡与甜点，浓郁清淡皆有序

PART 1

饮品与甜点，制作的前期准备

饮品和甜点制作乐趣很多，花样百出，初学者关于饮品与甜点的制作所需要知道的知识，让本章来教给您，带您享受一饮一食的百味搭配时光。

制作甜点的工具抢先知

●工具

电动搅拌器　电子称　奶油抹刀　裱花袋

分蛋器　擀面杖　刮板　烤网架

量勺　手动打蛋器　刷子　橡皮刮刀

●模具

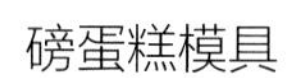

磅蛋糕模具

贝壳玛德琳

饼干模具

方形烤模

风车模

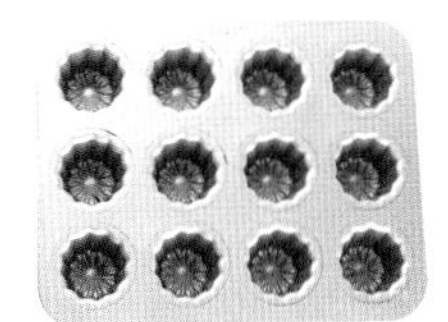

可露丽模具

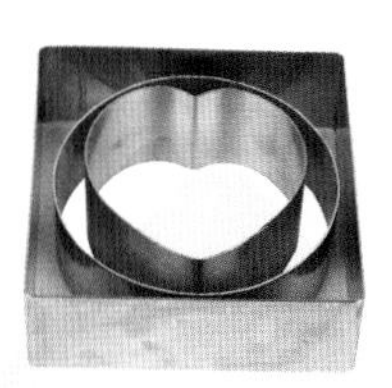

慕斯圈

吐司模具

烟囱戚风模具

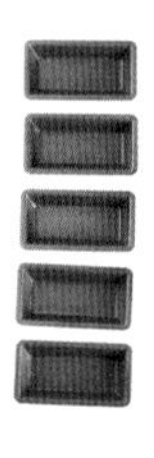

长方形不沾金砖

纸杯

蛋挞模

制作饮品的工具不可少

●工具

蔬果的挑选

正确挑选蔬菜

看颜色

各种蔬菜都具有本品种固有的颜色、光泽，表示蔬菜的成熟度及鲜嫩程度。如购买豆角时，发现它的豆荚不饱满、豆粒没有光泽时要慎选。

看形状

多数蔬菜具有新鲜的状态，如有蔫萎、干枯、损伤、变色、病变、虫害侵蚀，则为异常形态。还有的蔬菜由于人工使用了激素类物质，会长得畸形，这种蔬菜最好不要购买。

闻味道

多数蔬菜具有清香、甘辛香、甜酸香等气味，而不应有腐烂味和其他异味。

水果的选购

看外形和颜色

尽管经过催熟的水果呈现出成熟的性状，但是作假只能对某一方面有影响，水果的皮或其他方面还是会有不成熟的感觉。比如自然成熟的西瓜，由于光照充足，所以瓜皮花色深亮、条纹清晰、瓜蒂老结；而催熟的西瓜瓜皮颜色鲜嫩、条纹浅淡、瓜蒂发青。人们一般比较喜欢“秀色可餐”的水果，而实际上，其貌不扬的水果倒是更让人放心。

闻气味

自然成熟的水果，大多在表皮上能闻到一种果香味；催熟的水果不仅没有果香味，甚至还有异味。催熟的水果散发不出香味，催得过熟的水果往往能闻得出发酵气息，如注水的西瓜能闻得出自来水的漂白粉味。再有，催熟的水果有个明显特征，就是分量重。同一品种大小相同的水果，经过催熟的、注水的水果同自然成熟的水果相比要重很多，比较容易识别。

这样挑选咖啡豆

咖啡豆的分级

我们常说的咖啡豆，是指咖啡树所结果实的种子。种子经过水洗或者日晒的方式发酵，脱掉果皮后的形状很像豆子，所以被称为咖啡豆。咖啡豆也有三六九等之分，不同的国家会有不同的分级标准。

在肯尼亚、津巴布韦等国家，咖啡豆是按照大小进行分级的。他们将咖啡豆放在筛网上，来回摇动，比网眼小的咖啡豆就会被筛除，这些小豆子再用更小的筛网进行筛选，经过层层筛选后，咖啡豆的级别就分出来了。那些大而饱满的咖啡豆，是在咖啡果实生长到最佳状态时被采摘下来的，能体现出咖啡的最好风味，所以被奉为上品。

在巴西、古巴、印度尼西亚等国家，咖啡豆是以瑕疵豆的点数分级的。这种分级方法是随机抽取样品，依照样品累积的缺点分数等级。不同的缺点对应不同的分数，如破碎豆5粒算1分，大石子1粒算5分等等。

哥斯达黎加、危地马拉等国家则是按照产地的海拔高度来对咖啡进行分级的。因为海拔越高，气温越低，咖啡树的生长速度越慢，在生长过程中吸收到的营养就越多，咖啡也就拥有更为迷人的风味。

怎样挑选咖啡豆

闻 如果闻到强烈的香气，则代表咖啡豆很新鲜；如果香气微弱，甚至出现了油腻味，则表示咖啡豆已经很不新鲜了。如果是已经包装好的咖啡豆，可以把单向排气阀挤一挤，闻一闻里面的香气是不是足够强烈。

看 首先要观察有没有瑕疵豆，所谓的瑕疵豆是指圆豆、黑豆、贝壳豆、破裂豆等等；其次要看咖啡豆的颜色，同一产地的咖啡豆，颜色应该大致相同，否则就说明烘焙得不够均匀；最后要看咖啡豆的大小，不同的咖啡豆，大小也会不同。比如，蓝山咖啡颗粒较大，而云南小粒咖啡却娇小玲珑，不同产地的咖啡不具有比对意义。但是同一产地的咖啡，个大而饱满的为上乘。

剥 如果咖啡豆可以很轻易地剥开，并且感觉松脆，就说明咖啡豆比较新鲜；如果剥开时比较费力，则说明是陈豆。剥开咖啡豆后观察咖啡豆外皮的颜色和里层的颜色是否一致，如果颜色深浅一致，这说明烘焙的时候火力很均匀；如果里层颜色比外皮颜色浅很多，那么这个咖啡豆在烘焙的过程中火力太大了，口感会受到影响。

尝 轻咬咖啡豆，较为松脆的为新鲜的咖啡豆。

制作饮品的常用蔬果

芒果

芒果富含维生素和矿物质，胡萝卜素含量也很高。大芒果虽然果肉多，但往往不如小芒果甜。

西柚

西柚富含维生素 C、维生素 P 和叶酸等营养成分，糖分较低。选购时以重量相当，果皮有光泽且薄、柔软的为好。

苹果

苹果具有润肺、健胃消食、生津止渴、止泻、醒酒等功效。应尽量避免购买进口苹果，因为水果经过打蜡和长期储运，营养价值会显著降低。

蓝莓

蓝莓富含维生素 C、果胶、花青素等营养成分，具有抗衰老、强化视力、减轻眼疲劳的功效。

番茄

番茄富含多种维生素和番茄红素等，有利尿、健胃消食、清热生津的效果。应挑选个大、饱满、色红、紧实且无外伤的番茄为佳，放入冰箱冷藏可保存 5~7 天。

●牛油果

牛油果含蛋白质、脂肪，不含糖分，也不含淀粉，常食可预防老化，补充素食者的营养均衡。牛油果的保存需要注意包装，不可碰撞擦伤，通常可以放 1 周左右。

●橙子

橙子含多种维生素和橙皮苷、柠檬酸等植物化合物，能和胃降逆、止呕。个头大的橙子皮一般会比较厚，而捏着手感有弹性、略硬的橙子水分足、皮薄。

●香蕉

香蕉含有丰富的钾、镁，有清热、通便、解酒、降血压等作用。

●柠檬

柠檬富含维生素 C，能化痰止咳、生津健胃。此外，柠檬皮中有丰富的挥发油和多种酸类，泡排毒水时要尽量保留。

●草莓

草莓含维生素 C、维生素 E、钾、叶酸等。蒂头叶片鲜绿，全果鲜红均匀、有细小绒毛、表面光亮、无损伤腐烂的草莓才是好草莓。

●胡萝卜

胡萝卜能健脾和胃、补肝明目、清热解毒。要以根粗大、心细小，质地脆嫩、外形完整，且表面有光泽、手感沉重的为佳。

葡萄

葡萄含丰富的有机酸和多酚类，有助消化、抗氧化、促进代谢等多种作用。不同品种的葡萄，味道和颜色各不相同，但都以颗粒大且密的为佳。

猕猴桃

猕猴桃有养颜、提高免疫力、抗衰老、抗肿消炎的功能。未成熟的猕猴桃和苹果放在一起，可以被催熟。

百香果

百香果中的高膳食纤维可促进人体排泄，清除肠道中的残留物质，减少便秘、痔疮等现象。选购时，应注意果皮带有皱纹，颜色较深，果实大的为良品。保存时置于室温通风处即可。

菠萝

菠萝富含膳食纤维、类胡萝卜素、有机酸等，有清暑解渴、消食止泻的作用。吃多了肉类及油腻食物后吃些菠萝，能帮助消化，减轻油腻感。

南瓜

南瓜具有润肺益气、消炎止痛、降低血糖等功 效。以形状整齐、瓜皮有油亮的斑纹、无虫害的为佳。南瓜表皮干燥坚实，有瓜粉，能久放于阴凉处保存。

●杨桃

杨桃含膳食纤维，能促进肠道蠕动，改善消化功能。选购时，应挑选外观清洁，果敛肥厚，果色金黄，棱边青绿的。保存时，可装在塑料袋里，放于阴凉通风处，可以不用放进冰箱保存，以避免产生褐变。

●樱桃

樱桃富含维生素 A，能保护眼睛，增强人体免疫力。挑选时，以表皮无伤痕，带梗，颜色鲜绿，果实鲜红发亮的为佳。可用塑胶袋装起来，再放入冰箱冷藏。

●雪梨

雪梨能止咳化痰、清热降火、养血生津、润肺去燥、镇静安神。选购时以果粒完整、无虫害、无压伤，手感坚实、水分足的为佳。

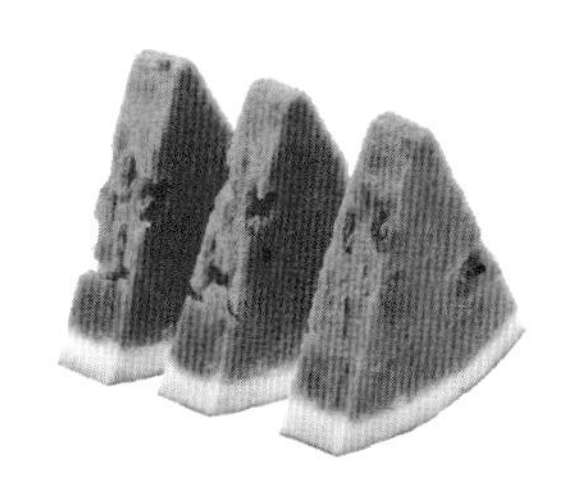

●西瓜

西瓜含水量丰富，有美白皮肤、预防黑斑的功效。选购时，果柄要新鲜，表皮纹路要扩散，才是成熟、甜度高的西瓜，用手拍会有清脆的响声。西瓜未切开时，可以将整个西瓜放常温下保存，已切开的西瓜则需放进冰箱冷藏。

●黄瓜

黄瓜具有除湿、利尿、降脂、镇痛、促消化的功效。选购黄瓜应以外表新鲜，瓜皮有刺状凸起的为佳。

PART 2

茶与甜点，甜而不腻伴清香

每一道茶都蕴含着自身独特的香味，淡雅脱俗；奶油、坚果、芝士等制成的烘焙甜点丰腴甜腻；以茶的清香来抹去甜点的油腻，两者一拍即合。

蜂蜜绿茶 & 巴黎米夏拉克

蜂蜜绿茶

材料

绿茶 9 克，蜂蜜适量

制作方法

1 将绿茶放入带有滤网的茶壶中，用开水冲泡。
2 将冲泡好的绿茶慢慢倒入茶杯中，通过滤网过滤茶叶，滤出茶水。
3 待茶水稍凉后，加入适量蜂蜜，并用搅拌棒搅匀即成。

巴黎米夏拉克

材料

牛奶 500 毫升，淡奶油 125 毫升，细砂糖 125 克，蛋黄 3 个，玉米淀粉 50 克
香草精 5 毫升

制作方法

1. 将蛋黄倒入大碗中稍加打散后，加入细砂糖拌匀，然后加入玉米淀粉拌匀，制成面糊。
2. 奶锅置于炉上，倒入牛奶、淡奶油和香草精煮沸腾，再分次倒入面糊中。
3. 面糊拌匀后倒回奶锅，继续煮 2 ~ 3 分钟，直至浓稠。
4. 将面糊倒入干净的碗中，在面糊表面盖上一层保鲜膜，静置至自然冷却。
5. 取出冷却好的面糊，撕开保鲜膜，将蛋糕模具放入垫有高温布的烤盘中。
6. 将面糊用橡皮刮刀稍加搅拌后倒入蛋糕模具中，将表面修平整，放入预热好的烤箱中，以上火 180℃、下火 170℃，烤 55 分钟。
7. 取出烤好的蛋糕，自然放凉后脱模即可。

TIPS

若不喜欢口味太甜，可以适量减少细砂糖的量。

蜂蜜柚子茶 & 彩糖咖啡杏仁曲奇

蜂蜜柚子茶

材料

柚子 500 克，蜂蜜 200 克，冰糖 70 克，盐适量

制作方法

1 将剥下的柚子皮切成细丝；柚子肉切成小块。
2 用盐水腌渍柚子皮丝 1 小时左右，然后放入锅中煮至变软。
3 将柚子皮丝与柚子肉放入锅中，倒入清水与冰糖，熬煮 10 分钟左右，使其变软。
4 将柚子皮丝与柚子肉盛起，放凉后加入蜂蜜，并用搅拌棒充分搅拌。
5 把搅匀后的柚子皮丝与柚子肉倒入茶杯中，倒入适量温水冲泡即可。

彩糖咖啡杏仁曲奇

材料

饼干体

无盐黄油 80 克，糖粉 52 克，淡奶油 25 毫升，速溶咖啡粉 5 克，低筋面粉 130 克，杏仁片 40 克

装饰

彩色糖粒适量

制作方法

1 将无盐黄油加入糖粉中，搅拌均匀。
2 将速溶咖啡粉加入淡奶油中，搅拌均匀，做成咖啡奶油。
3 将咖啡奶油筛入到装有无盐黄油的搅拌盆中。
4 筛入低筋面粉，用橡皮刮刀搅拌均匀至无干粉。
5 加入杏仁片，揉成光滑的面团，再包上保鲜膜。
6 将面团连保鲜膜一起放入长方形的饼干模具中，表面压平整，入冰箱冷冻约 15 分钟，方便切片操作。
7 取出饼干面团，撕去保鲜膜，将其切成厚度约 4 毫米的饼干坯，放在烤盘上，在每个饼干坯表面撒上彩色糖粒作装饰。
8 烤箱以上、下火各 150℃预热，将烤盘置于烤箱的中层，烘烤 17 分钟即可。

青桔柠檬茶 & 奶油乳酪玛芬

青桔柠檬茶

材料

红茶 5 克，小青桔 30 克，
柠檬 8 克，白砂糖适量

制作方法

1 将红茶放入茶壶中，用开水冲泡。
2 加入白砂糖，用搅拌棒充分搅拌。
3 将小青桔用清水冲洗干净，对半切开。再用手挤小青桔，将汁水挤进红茶中，挤过的小青桔也放入红茶中。
4 将柠檬洗净，切成薄片，放入红茶中，用搅拌棒充分搅匀。盖上茶壶盖，放入冰箱冷藏一段时间即可饮用。

Merry
hristm

奶油乳酪玛芬

材料

蛋糕糊

奶油奶酪 100 克，无盐黄油 50 克，细砂糖 70 克，鸡蛋 2 个，低筋面粉 120 克，泡打粉 2 克，柠檬汁 5 克

装饰

杏仁片 10 克

制作方法

1 将奶油奶酪和无盐黄油倒入搅拌盆中，搅拌均匀。
2 倒入细砂糖，继续搅拌。
3 分次倒入鸡蛋，搅拌均匀。
4 倒入柠檬汁，搅拌均匀。
5 再筛入低筋面粉及泡打粉，搅拌均匀，制成蛋糕糊。
6 将蛋糕糊装入裱花袋。
7 将蛋糕糊垂直挤入纸杯中，在表面放上杏仁片。
8 放进预热至 180℃的烤箱中，烘烤约 20 分钟即可。

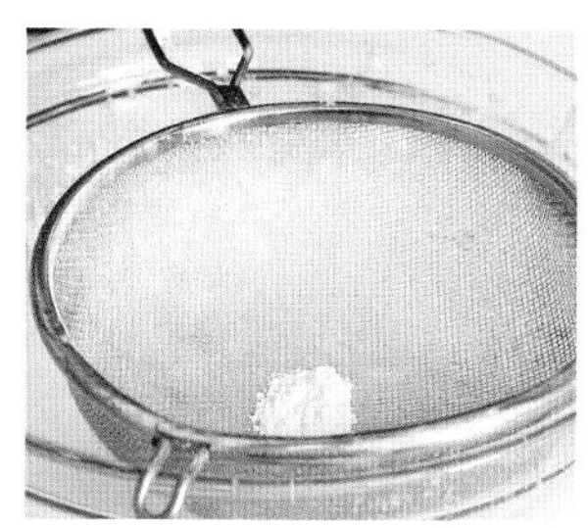

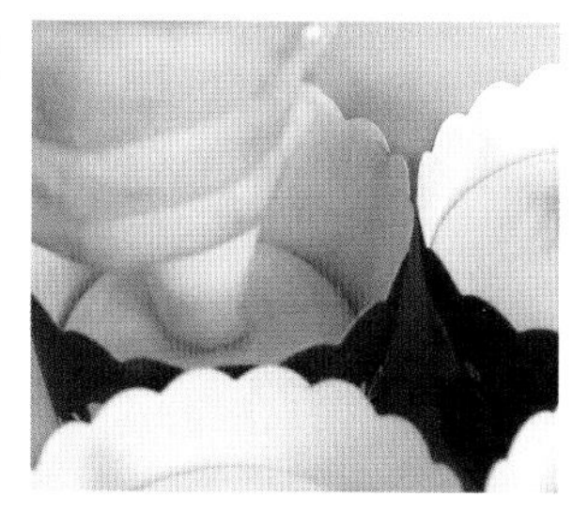

柠檬茶 & 榴莲芝士慕斯

柠檬茶

材料

红茶 4 克，柠檬 8 克

制作方法

1 将沸水倒入带有滤网的茶壶中，待茶壶受热后，倒出沸水。
2 在热茶壶里放进茶叶，倒入适量的水，盖上杯盖闷 2 分钟左右。
3 将柠檬洗净，切成 3 毫米左右的薄片。
4 取茶杯，先将其用沸水受热，然后放入柠檬薄片，再将茶水倒入。
5 用勺子轻轻搅拌柠檬茶水，搅匀后，再用勺子捞出柠檬薄片即可饮用。

榴莲芝士慕斯

材料

饼底

奥利奥饼干 60 克（去奶油夹心），无盐黄油 23 克

榴莲芝士糊

奶油奶酪 130 克，椰浆 40 毫升，榴莲果肉 180 克，鲜奶油 130 毫升，细砂糖 40 克，吉利丁片 5 克

制作方法

1 将吉利丁片提前用冷水泡软。
2 将饼干倒入保鲜袋中，用擀面杖碾成粉末状后，倒入玻璃碗。
3 加入隔水熔化后的黄油，混合均匀后，压入慕斯圈，用平底片压实，冷藏备用。
4 奶油奶酪用刮刀压平后，隔水熔化，用打蛋器打散后加糖搅拌至顺滑。
5 将榴莲肉用料理机打成果泥。
6 将泡软的吉利丁片加入椰浆中，用小火加热至吉利丁片完全熔化后，分多次倒入奶油奶酪中拌匀，前两次以少量为主，拌至顺滑。
7 拌匀后的液体取少量加入榴莲中稍加拌匀，再倒回液体碗中拌匀，制成榴莲芝士糊。
8 鲜奶油打至六分发呈浓稠状，将榴莲芝士糊倒入鲜奶油中混合，拌均匀，制成慕斯液。
9 将慕斯液倒在饼底上，刮平表面，放入冰箱冷藏至凝固，用水果装饰即可。

珍珠奶茶 & 千层酥饼

珍珠奶茶

材料

木薯粉 40 克，白糖 6 克，澄粉 10 克，茶包 1 个，方糖适量，黑白奶茶 200 毫升

制作方法

1 将清水和白糖倒入奶锅中，加热至糖溶化，盛起糖水，倒入木薯粉里。
2 用小碗装好澄粉，倒入开水，轻轻搅拌，再将澄粉和木薯粉混合，并揉成粉团，置于一旁。
3 将水烧开，并不断从粉团上取一个个小粉团，把小粉团置于手心揉一下，放入开水中。
4 开水中的珍珠粉圆会渐渐浮起，捞起后放入冷水中浸泡，煮熟的粉圆会变成透明的，如果没有变成透明状，则再煮一会儿。
5 把水烧开，放入茶包煮 1 分钟后，再放入方糖、黑白奶茶，水再次煮开后关火。
6 将煮好的奶茶倒入杯中，放一会儿后，加入做好的珍珠粉圆，搅拌均匀即可。

千层酥饼

材料

片状酥油 500 克，高筋面粉 50 克，黄油 50 克，细砂糖 50 克，全蛋 50 克，冷水 350 毫升，低筋面粉 700 克，蛋清 20 毫升，糖粉 100 克，杏仁片适量

制作方法

1 用长柄刮板将高筋面粉刮入低筋面粉中，混合后倒在案台上，用刮板开窝。把黄油、细砂糖、全蛋放入粉窝中搅拌。

2 分多次加入水，并用手继续搅拌，使细砂糖和水能够充分融合，之后慢慢把面粉搅进去。

3 用手把面团揉至光滑，适当加水使面团充分伸展，揉面时力道要上下均匀。

4 用保鲜膜将面团包裹住，放入冰箱冷冻 1 小时以上。

5 取出冷冻好的面团，裹进片状酥油，用擀面杖多擀几次并进行折叠，使二者充分混合，再用保鲜膜包好放进冰箱冷冻 1 小时以上。

6 取出酥皮继续用擀面杖擀成片状后，再重复折叠并擀几次后酥皮就做好了。

7 另置一只玻璃碗，加入蛋清、糖粉，用打蛋器搅拌均匀后制成糖霜。

8 将酥皮分割成均匀的长条形，用奶油抹刀在分割好的面皮上抹上糖霜，粘上杏仁片，放进烤盘，移入预热好的烤箱中，以上火 200℃、下火 180℃，烘烤约 15 分钟。

9 烤制完成后取出酥饼，筛上糖粉装盘即可。

焦糖奶茶

材料

茶叶 4 克，白糖 10 克，牛奶 250 毫升

制作方法

1 将白糖放入加热后的锅中，用小火慢慢熬制。
2 待白糖熬化并变成棕褐色时，加入茶叶和牛奶。
3 转中火继续熬制，煮沸后，转小火再煮一会儿。
4 当茶叶与牛奶的香味弥漫出来时关火，并将茶叶过滤，倒入杯中即可。

酸奶冻芝士蛋糕

材料

奶油奶酪 200 克，酸奶 180 毫升，奥利奥饼干 100 克（去奶油夹心），淡奶油 100 毫升，牛奶 50 毫升，白糖 50 克，黄油 40 克，吉利丁片 10 克，蛋黄 1 个，柠檬汁 15 毫升，朗姆酒 10 毫升

制作方法

1. 将吉利丁片提前用冷水泡软；将饼干倒入保鲜袋中，用擀面杖碾成粉末状后，倒入玻璃碗中。
2. 将饼干碎加入隔水熔化后的黄油中，混合均匀后，压入慕斯圈中，用平底片压实，冷藏备用。
3. 奶油奶酪用刮刀压平后，隔水熔化，用打蛋器打散后加糖搅拌至顺滑。
4. 蛋黄搅散，加入奶油奶酪中拌匀，加入朗姆酒、柠檬汁搅匀，加入酸奶搅匀成芝士糊。
5. 将牛奶倒入淡奶油中，隔水加热 1 分钟后，加入软化沥干水的吉利丁片搅化，分 3 次倒入芝士糊中，边倒边搅匀。
6. 取出冷藏好的饼底，倒入混合好的芝士糊，轻震几下排除气泡，盖上保鲜膜，放入冰箱冷藏 4 小时以上，待芝士糊凝结，取出脱模。
7. 将慕斯切成小方块，用水果进行装饰即可。

印尼冰茶 & 坚果巧克力能量块

印尼冰茶

材料

红茶包2包，黄柠檬、青柠檬各20克，薄荷叶4克，香茅3克，白糖、冰块各适量

制作方法

1 用开水冲泡红茶包，两分钟后取出茶包，放凉备用。
2 将黄柠檬、青柠檬均洗净，切成小片；将薄荷叶用清水冲洗干净备用。
3 将香茅洗净，切掉尾部，切成小段。
4 将黄柠檬片、青柠檬片和薄荷叶放入放凉后的红茶中，加入适量的白糖，移置冰箱冷藏1小时后取出。
5 将香茅段放入冷藏后的红茶中，加入冰块，充分搅拌即可。

坚果巧克力能量块

材料

燕麦片 100 克，黄油 60 克，巧克力豆 10 克，杏仁、腰果各 15 克，低筋面粉 30 克，细砂糖 10 克

制作方法

1 将软化的黄油和细砂糖倒入玻璃碗中搅拌。
2 把巧克力豆、杏仁、腰果倒入碗中一并搅拌均匀，加入燕麦片、低筋面粉进行搅拌。
3 将拌匀的混合物取出，然后整形成长方块，压实，用刀将其均匀切块。
4 将切好的能量块放进烤盘中，并放入预热好的烤箱中，以上火 180℃、下火 160℃，烘烤约 20 分钟至表面金黄色。
5 烘烤完成后，打开烤箱取出烤盘即可。

三重冰茶 & 木糠杯

三重冰茶

材料

尼尔吉里红茶 10 克，白色果汁 150 毫升，石榴糖浆 8 克，冰块适量

制作方法

1 将沸水倒入茶壶中，待茶壶受热后，将沸水倒掉。
2 在茶壶中放入尼尔吉里红茶，倒入沸水，盖上盖子，闷 3 分钟左右。
3 把泡好后的尼尔吉里红茶放凉，再放入适量冰块。
4 取茶杯，在杯中放入石榴糖浆，并放入适量冰块。
5 将白色果汁、泡好的尼尔吉里冰红茶依次倒入茶杯中即可。

木糠杯

扫一扫看视频

材料

淡奶油 200 毫升，玛丽亚饼干 180 克，炼乳 45 毫升

制作方法

1 将饼干装入保鲜袋中，用擀面杖压碎，倒入碗中。
2 炼乳倒入淡奶油中打发至湿性发泡，装入裱花袋中。
3 在透明圆杯中铺上一层饼干碎，稍稍压实，再挤上一层打发好的奶油，再次铺上一层饼干碎，用擀面杖轻轻抹平，再次挤上一层奶油，重复以上操作，在最上面一层铺上饼干碎。
4 将杯子放入长盘中，送进冰箱冷冻半小时即可。

柠檬蜂蜜冰茶 & 芝士薄饼

柠檬蜂蜜冰茶

材料

红茶 5 克，柠檬 80 克，蜂蜜 70 克，冰块适量

制作方法

1 把红茶放入茶杯中，倒入开水冲泡，放凉备用。
2 将放凉后的茶水倒入凉水杯中，加入蜂蜜。
3 将柠檬洗净对切，用手挤柠檬汁，用小碗装好。
4 将柠檬汁倒入装有茶水的凉水杯中，再加入适量冰块，用搅拌棒充分搅拌即可。

芝士薄饼

材料

牛奶 60 克，无盐黄油 45 克，低筋面粉 150 克，盐 5 克，芝士粉 10 克

制作方法

1 将无盐黄油倒入搅拌盆中，加入盐和芝士粉。
2 用手动打蛋器搅拌均匀。
3 将牛奶倒入搅拌盆中，继续搅拌均匀。
4 筛入低筋面粉，用橡皮刮刀搅拌至无干粉，用手轻轻揉成光滑的面团。
5 用擀面杖将制好的面团擀成厚度约 4 毫米的面片。
6 再用花型模具在面片上压出饼干坯，放在烤盘上。
7 烤箱以上、下火 180℃预热，将烤盘置于烤箱的中层，烘烤 15 分钟即可。

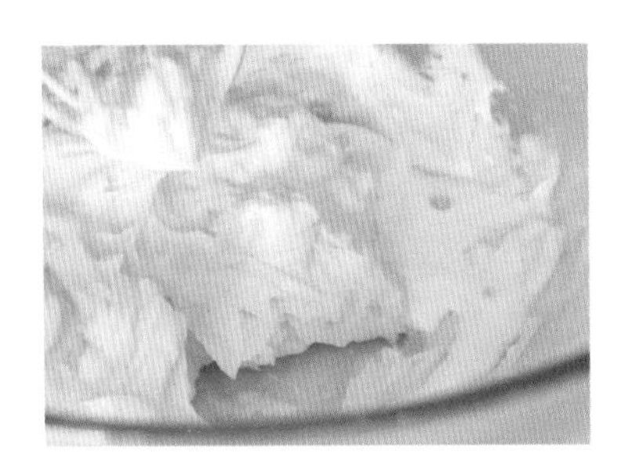

蓝莓冰茶 & 杏仁金提巧克力球

蓝莓冰茶

材料

红茶 8 克，蓝莓 50 克，白葡萄酒 15 毫升，冰块适量，砂糖适量

制作方法

1 先用沸水将茶壶预热，倒掉沸水后，再将红茶放入茶壶中。
2 倒入适量沸水，盖上杯盖，闷泡 1 分钟左右。
3 将泡好后的红茶过滤，倒入茶杯中放凉，再加入适量的冰块。
4 把蓝莓、砂糖、白葡萄酒放入搅拌机中，加入适量的冷水充分搅拌。
5 用筛子把搅拌后的蓝莓混合物过滤一遍。
6 将过滤后的蓝莓混合液倒入茶杯中，加上适量冰块，再将泡好的红茶倒入，搅匀即可。

杏仁金提巧克力球

材料

蛋糕糊

巧克力戚风蛋糕 125 克，无盐黄油 25 克，淡奶油 25 毫升，朗姆酒 5 克，提子干 40 克，杏仁碎 30 克

装饰

巧克力碎、巧克力、杏仁片、可可粉、糖粉各适量

制作方法

1 将巧克力戚风蛋糕切块，倒入搅拌盆中。
2 倒入无盐黄油、淡奶油和朗姆酒，混合均匀。
3 倒入提子干和杏仁碎，搅拌均匀。
4 将上述材料混合，捏成一个个均匀的小球。
5 将巧克力加热融化，制成巧克力酱；将杏仁片放进烤箱烤出香味。
6 将步骤 4 的小球蘸上融化的巧克力酱。
7 再分别蘸上可可粉、糖粉、杏仁片或巧克力碎即可。

葡萄柚冰茶 & 炼奶蔓越莓蛋挞

葡萄柚冰茶

材料

红茶 8 克，葡萄柚 200 克，冰块适量

制作方法

1 用沸水将茶壶预热，待茶壶受热后，倒掉沸水。
2 把红茶放入茶壶中，用沸水冲泡。盖上杯盖，闷 1 分钟左右。
3 将茶水倒入茶杯中放凉，并取适量冰块放入。
4 将葡萄柚洗净去皮，切成小块，放入榨汁机中榨成汁后，装入容器中。
5 将剩下的冰块装进大茶杯里，倒入泡好的冰红茶，并慢慢用过滤网筛将葡萄柚汁过滤倒入，最后充分搅拌即可。

炼奶蔓越莓蛋挞

材料

蛋挞皮 12 个，鸡蛋黄 3 个，炼乳 15 毫升，牛奶 200 毫升，白糖 25 克，蔓越莓干适量

制作方法

1 将牛奶倒入奶锅中，加入白糖，倒入炼乳，用小火加热至 40℃至糖溶化。
2 将鸡蛋黄加入碗中打散后，加入牛奶液拌匀，过筛倒入量杯中，做成挞液。
3 将蛋挞皮摆入烤盘中，倒入挞液。
4 然后放入预热好的烤箱中，以上火 200℃、下火 230℃的温度，烤 10 分钟。
5 待蛋挞液稍微凝固时撒上蔓越莓干，继续烤 5 分钟左右，即可出炉。

PART 3

蔬果汁与甜点，最爱这抹清新邂逅

蔬果汁清爽美味，营养丰富；香草、巧克力、可可等制成的烘焙甜点浓郁浪漫。两者搭配，清新中夹杂几缕暖昧，宛如难忘的邂逅时光。

枇杷柠檬汁 & 巧克力香蕉蛋糕

枇杷柠檬汁

材料

枇杷 120 克，柠檬 30 克，蜂蜜、纯净水各适量

制作方法

1 将枇杷洗净，去除果皮与籽，切小块。
2 将柠檬洗净，切成小块，去掉籽。
3 将切好的枇杷和柠檬倒进榨汁机中，加入适量的蜂蜜与纯净水。盖上榨汁机盖，榨取果汁即可。

巧克力香蕉蛋糕

材料

蛋糕糊

高筋面粉 60 克，低筋面粉 20 克，泡打粉 1 克，无盐黄油 115 克，奶油奶酪 90 克，细砂糖 115 克，蛋黄 3 个，蛋清 3 个，香蕉半根

表面装饰

无盐黄油、巧克力各 160 克，彩色糖果适量，糖粉适量

制作方法

1 将奶油奶酪和 115 克无盐黄油倒入搅拌盆中，搅拌均匀。
2 分次倒入 60 克细砂糖，拌匀。
3 分次加入蛋黄，搅拌均匀。
4 筛入泡打粉、低筋面粉及高筋面粉，搅拌均匀。
5 取一新的搅拌盆，倒入蛋清及 55 克细砂糖，快速打发，制成蛋白霜。
6 将 1/3 蛋白霜倒入步骤 4 的搅拌盆中，搅拌均匀，再倒回至剩余的蛋白霜中，搅拌均匀，制成蛋糕糊，装入裱花袋中。
7 香蕉切厚片，再对半切开。
8 将蛋糕糊垂直挤入蛋糕纸杯中，放上切半的香蕉，再挤一层蛋糕糊，放入预热至 170℃的烤箱中烘烤约 30 分钟，取出，放凉。
9 巧克力加热融化，倒入 160 克无盐黄油中，搅拌均匀，装入裱花袋，在蛋糕上放一片香蕉，再挤上巧克力酱，撒上彩色糖果和糖粉即可。

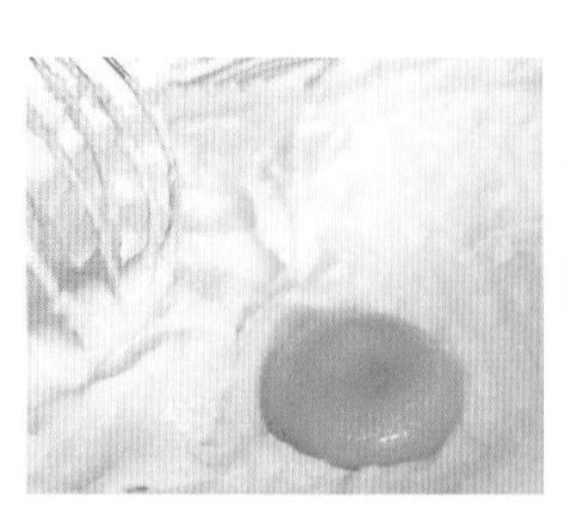

草莓葡萄柚汁 & 意式可可脆饼

草莓葡萄柚汁

材料

草莓 50 克，葡萄柚 70 克，柠檬 20 克

制作方法

1 将草莓洗净，去蒂头，对半切开。
2 将葡萄柚去皮，切成小块。
3 将柠檬洗净，切成小片。
4 将所有食材倒入榨汁机中，盖上盖，榨取果汁即可。

意式可可脆饼

材料

无盐黄油 50 克，细砂糖 70 克，盐 1 克，鸡蛋 1 个，低筋面粉 200 克，杏仁粉 50 克，泡打粉 2 克，牛奶 30 克，入炉巧克力 30 克，可可粉 15 克

制作方法

1 将入炉巧克力切碎，备用。
2 将室温软化的无盐黄油放入搅拌盆中，用电动打蛋器搅打一下，再加入细砂糖，搅打至膨松发白。
3 倒入鸡蛋、牛奶，每倒入一样都需要搅打均匀。
4 筛入低筋面粉、杏仁粉、可可粉、泡打粉，用橡皮刮刀搅拌至无干粉。
5 加入入炉巧克力碎和盐，用手轻轻揉成光滑的面团。
6 将面团揉搓成圆柱体，再用油纸包好，放入冰箱，冷冻约 30 分钟。
7 取出面团，用刀切成约 45 毫米厚的饼干坯，放在烤盘上。
8 烤箱以上、下火 175℃预热，将烤盘置于烤箱中层，烘烤 15 分钟即可。

草莓酸奶汁 & 可乐蛋糕

草莓酸奶汁

材料

草莓 45 克，原味酸奶 50 毫升，蜂蜜适量

制作方法

1 将草莓去除蒂头，洗净，对切。

2 将草莓装进榨汁机中，倒入酸奶和蜂蜜。盖上榨汁机盖，搅拌成液体状态即可。

可乐蛋糕

材料

蛋糕糊

可乐汽水 165 毫升，无盐黄油 60 克，高筋面粉 55 克，低筋面粉 55 克，泡打粉 2 克，可可粉 5 克，鸡蛋 1 个，香草精 2 滴，细砂糖 30 克，盐 2 克

装饰

棉花糖 20 克，淡奶油 100 毫升，细砂糖 35 克

制作方法

1. 将无盐黄油加热熔化后，倒入可乐汽水，将其煮至充分融合。
2. 将鸡蛋倒入另一个搅拌盆中，倒入步骤 1 中的混合物，搅拌均匀。
3. 倒入盐和香草精，搅拌均匀。
4. 筛入高筋面粉、低筋面粉、可可粉和泡打粉，搅拌均匀。
5. 倒入 30 克细砂糖，搅拌均匀，制成蛋糕糊，装入裱花袋，垂直挤入纸杯中。
6. 放入预热至 180℃的烤箱中，烘烤约 25 分钟，取出，放凉。
7. 将淡奶油和 35 克细砂糖放入另一搅拌盆中，快速打发，装入裱花袋中。
8. 挤在已放凉的杯子蛋糕上，最后放上棉花糖装饰即可。

荔枝西瓜汁 & 可可薄饼

荔枝西瓜汁

材料

荔枝 200 克，西瓜 500 克

制作方法

1 将荔枝果皮剥掉，取果肉，去核。
2 将西瓜去表皮，取果肉，切小块。
3 把上述材料放进榨汁机中，盖上榨汁机盖，搅拌成液体状即可。

可可薄饼

材料

无盐黄油 75 克，糖粉 25 克，蛋黄 15 毫升，低筋面粉 80 克，玉米淀粉 35 克，可可粉 10 克，香草精 2 克

制作方法

1 在室温软化的无盐黄油中加入糖粉，搅拌均匀。
2 倒入蛋黄，充分搅拌，再倒入香草精搅拌均匀，以去除蛋黄中的腥味。
3 筛入玉米淀粉、可可粉、低筋面粉，搅拌至无干粉，用手轻轻揉成光滑的可可面团。
4 用擀面杖将可可面团擀成厚度约 4 毫米的面片。
5 用龙猫模具，在面片上压出饼干坯。
6 清除多余的面片，用圆形模具给每只龙猫压出肚子的痕迹，注意不要将饼干坯压断。
7 烤箱以上火 170℃、下火 160℃的温度预热，将烤盘置于烤箱中层，烘烤 18 分钟，取出烤盘，将饼干晾凉。有条件的话，可以挤上奶油和巧克力作为装饰，使龙猫的样子更生动。

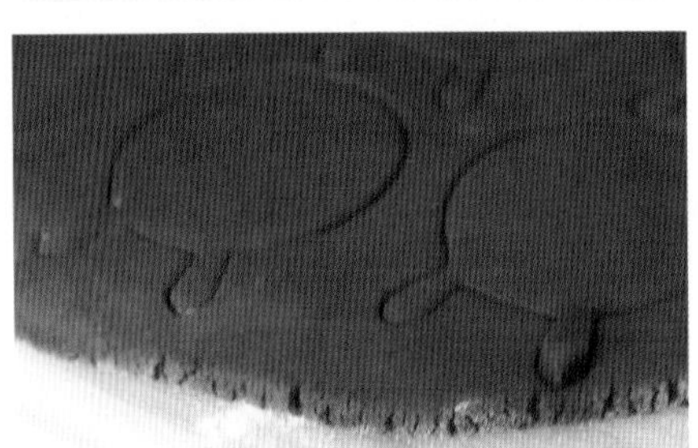

荔枝芒果汁 & 长颈鹿蛋糕卷

荔枝芒果汁

材料

荔枝 250 克，芒果 200 克，矿泉水适量

制作方法

1 将荔枝清洗干净，去除表皮与内核，备用。
2 将芒果洗净去蒂，对半切开，用刀划成网格状，再挑出果肉，备用。
3 将芒果和荔枝装进榨汁机中，注入适量的矿泉水。
4 盖上榨汁机盖，插上电源，选择“榨汁”功能，启动开关键，搅打 60 秒。
5 断电，揭盖，倒入杯中，即可享用。

长颈鹿蛋糕卷

材料

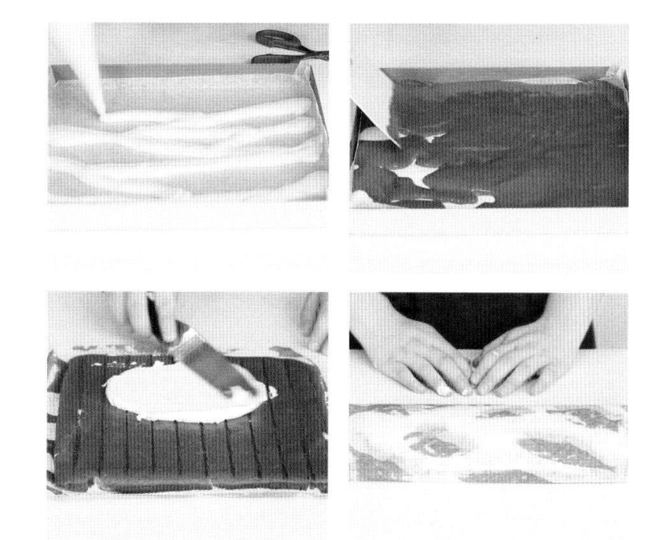

蛋糕糊

色拉油 20 毫升，蛋黄 3 个，糖粉 10 克，牛奶 45 克，低筋面粉 40 克，粟粉、可可粉各 15 克

蛋白霜

蛋清 4 个，细砂糖 40 克

内馅

淡奶油 100 毫升，细砂糖 12 克

制作方法

1 将色拉油和牛奶倒入搅拌盆中，搅拌均匀后倒入糖粉，继续搅拌。

2 筛入低筋面粉和粟粉，搅拌均匀后倒入蛋黄，搅打均匀，分出 1/3 装入另一搅拌盆，作为原味面糊。

3 剩下的 2/3 加入可可粉，搅拌均匀，制成可可糊。

4 取另一干净的搅拌盆，倒入蛋清和 40 克细砂糖，用电动打蛋器快速打发，分别加入到可可糊和步骤 2 的原味面糊中，搅拌均匀，制成可可蛋糕糊和原味蛋糕糊。

5 原味蛋糕糊装入裱花袋，在铺有油纸的方形烤盘中画出长颈鹿的纹路，再放入预热至 170℃的烤箱中烘烤 2 分钟。

6 取出烤盘，在表面倒入可可蛋糕糊，抹平，放入烤箱，以 170℃烘烤约 12 分钟，烤好后，取出，撕下油纸，放凉。

7 在新的搅拌盆中倒入淡奶油和 12 克细砂糖，快速打发，抹在蛋糕没有斑纹的那一面。

8 抹匀后利用擀面杖将蛋糕体卷起，放入冰箱冷藏 30 分钟定型。

芒果芝麻菜汁 & 黄油杯子蛋糕

芒果芝麻菜汁

材料

芒果 200 克，柠檬 20 克，红椒 90 克，芝麻菜 20 克，纯净水 80 毫升

制作方法

1 将芒果用流水冲洗干净，去掉果皮与内核。
2 将柠檬洗净，切薄片，去籽。
3 将红椒洗净，对切，去籽，切小块。
4 将芝麻菜洗净，切段。
5 将上述材料装进榨汁机中，倒入纯净水，盖上榨汁机盖，搅拌成液态即可。

黄油杯子蛋糕

材料

蛋糕糊

无盐黄油 100 克，细砂糖 85 克，盐 1 克，香草精 2 滴，朗姆酒 5 毫升，蛋液 85 毫升，低筋面粉 35 克，高筋面粉 50 克，泡打粉 1 克，淡奶油 20 毫升

装饰

蛋清 20 毫升
糖粉 150 克

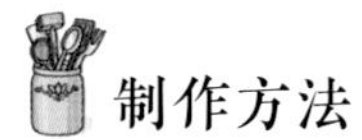

制作方法

1 将无盐黄油和细砂糖倒入搅拌盆中，搅打均匀，呈发白状态。
2 倒入香草精，搅拌均匀。
3 倒入盐和朗姆酒，搅拌均匀。
4 再分次倒入蛋液，搅拌均匀。
5 筛入低筋面粉、高筋面粉和泡打粉，搅拌均匀。
6 倒入淡奶油，搅拌均匀，制成蛋糕糊，装入裱花袋中。
7 将蛋糕糊垂直挤入蛋糕纸杯至八分满。将烤箱预热至 180℃，将蛋糕纸杯放入烤箱，烘烤约 20 分钟，烤好后，取出，放凉。
8 将蛋清和 150 克糖粉倒入搅拌盆中，快速打发，装入裱花袋，挤在已放凉的蛋糕表面即可。

牛油果豆浆汁 & 布朗尼

牛油果豆浆汁

材料

牛油果 40 克，无糖豆浆 150 毫升，蜂蜜适量

制作方法

1 打开牛油果，去掉果皮与内核，取果肉。
2 将牛油果肉放进榨汁机中，倒入无糖豆浆和蜂蜜。选择“榨汁”功能，搅拌成液态，即可装杯享用。

布朗尼

材料

巧克力 110 克，无盐黄油 90 克，鸡蛋 2 个，细砂糖 70 克，低筋面粉 90 克，可可粉 30 克，泡打粉 2 克，朗姆酒 2 毫升，杏仁 50 克

制作方法

1 将杏仁切碎备用。
2 将巧克力和无盐黄油放入搅拌盆中，隔水加热熔化，搅拌均匀。
3 倒入鸡蛋和朗姆酒，搅拌均匀。
4 倒入细砂糖，搅拌均匀。
5 筛入低筋面粉、可可粉及泡打粉，搅拌均匀，制成蛋糕糊。
6 将蛋糕糊倒入方形活底蛋糕模中，在表面平整地撒上杏仁碎。
7 放进预热至 180℃的烤箱中烘烤 15 ~ 20 分钟。
8 取出烤好的蛋糕，放凉，脱模，切块，摆盘即可。

牛油果酸奶汁 & 马卡龙

牛油果酸奶汁

材料

牛油果 50 克，香蕉（冷冻）40 克，原味酸奶 100 毫升

制作方法

1 先用刀在牛油果上划一圈，然后双手分别拿着牛油果上下两部分，反方向扭动，打开牛油果。去掉果核，用水果刀在牛油果肉上划格子，再用勺子取出果肉。
2 将香蕉剥皮，香蕉肉切成小块。
3 将牛油果肉和香蕉块装进榨汁机中，加入酸奶。盖上榨汁机盖，选择“榨汁”功能，榨汁即可。

马卡龙

材料

杏仁粉 50 克，柠檬汁 3 毫升，糖粉 50 克，可可粉 7 克，蛋清 35 毫升

制作方法

1 将糖粉和杏仁粉倒入食品料理机打半分钟，直到打成十分细腻的粉末，用手搓一搓，把结块搓散，不需要过筛。
2 将可可粉筛入杏仁糖粉里，混合均匀。
3 在粉类混合物里倒入一半的蛋清，用刮刀充分搅拌，混合均匀，使结块散开，成为细腻的泥状。
4 分两三次加入剩下的蛋清，搅拌至用刮刀挑起面糊，面糊会不断开地滴落，且滴落的面糊纹路会非常缓慢地消失，制成马卡龙面糊。
5 将拌好的面糊装入裱花袋，在铺了油布的烤盘上挤出圆形面糊。
6 将烤盘放在通风的地方晾干，直到用手轻轻按面糊表面，不粘手并且形成一层软壳时，就可以放入烤箱，以上、下火 140℃的温度，烘烤 13 分钟即可。

杨桃梅子醋汁 & 香蕉阿华田雪芳

杨桃梅子醋汁

材料

杨桃 70 克，梅子醋 30 毫升，纯净水 120 毫升，白糖适量

制作方法

1 用流水将杨桃冲洗干净，切成小块。
2 将杨桃倒入榨汁机中，加入梅子醋、纯净水和白糖，榨取果汁即可。

香蕉阿华田雪芳

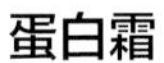

材料

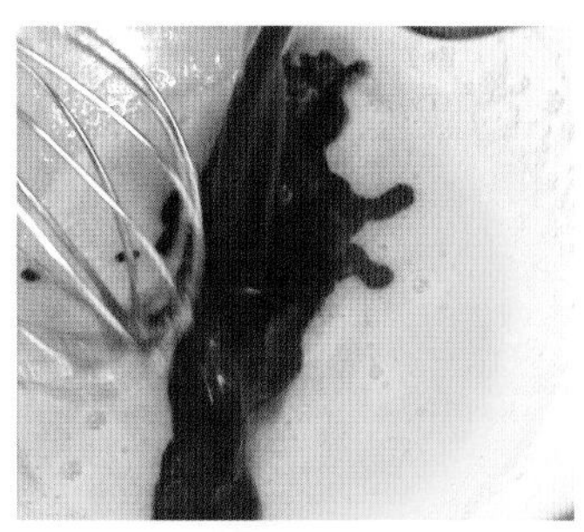

蛋黄糊

蛋黄2个，细砂糖30克，色拉油10毫升，阿华田粉20克，冷水30毫升，香蕉泥100克，低筋面粉50克，粟粉10克，泡打粉1克

蛋白霜

蛋清2个，细砂糖20克

装饰

已打发的淡奶油适量

制作方法

1 将阿华田粉倒入水中，搅拌均匀。
2 将蛋黄和30克细砂糖倒入搅拌盆中，搅拌均匀。
3 倒入步骤1的阿华田混合液。
4 倒入色拉油及香蕉泥，搅拌均匀。
5 筛入低筋面粉、粟粉及泡打粉搅拌均匀，制成蛋黄糊。
6 将蛋清及20克细砂糖倒入搅拌盆中，快速打发，制成蛋白霜。
7 将1/3蛋白霜倒入蛋黄糊中，搅拌均匀，再倒回剩余的蛋白霜中，搅拌均匀，制成蛋糕糊。
8 将蛋糕糊倒入模具中，放入预热至170℃的烤箱中烘烤约25分钟。烤好后，将模具倒扣，放凉，挤上已打发的淡奶油。

杨桃橙汁 & 奥利奥可可曲奇

杨桃橙汁

材料

杨桃 70 克，柳橙 40 克，苹果 60 克，纯净水 150 毫升，白糖少许

制作方法

1 将杨桃用流水冲洗干净，切小块。
2 将柳橙对切，取出果肉。
3 将苹果去果皮，再用流水冲洗干净，切成小块。
4 将杨桃块、柳橙肉、苹果块装进榨汁机中，加入纯净水与白糖。盖上榨汁机盖，选择“榨汁”功能，搅拌成液态即可。

奥利奥可可曲奇

材料

饼干体

无盐黄油 150 克，黄砂糖 100 克，细砂糖 20 克，盐 2 克，鸡蛋液 50 毫升，低筋面粉 195 克，杏仁粉 30 克，泡打粉 2 克，入炉巧克力 35 克

装饰

奥利奥饼干碎 20 克

制作方法

1 将无盐黄油室温软化，放入搅拌盆中，加入细砂糖，搅拌均匀。
2 加入黄砂糖，搅拌均匀。
3 倒入鸡蛋液，搅拌均匀，至鸡蛋液与无盐黄油完全融合。
4 加入盐、泡打粉、杏仁粉，搅拌均匀。
5 加入切碎的入炉巧克力，搅拌均匀。
6 筛入低筋面粉。
7 用橡皮刮刀搅拌至无干粉状态，用手轻轻揉成光滑的面团。
8 此时面团较软，须放入冰箱冷冻约 15 分钟。
9 拿出后，将面团揉搓成圆柱体，再次放入冰箱冷冻约 15 分钟，方便切片操作。
10 取出面团，在其表面撒上奥利奥饼干碎装饰。
11 将面团切成厚度约 4 毫米的饼干坯，放在烤盘上。
12 烤箱以上、下火 180℃预热，将烤盘置于烤箱的中层，烘烤 12 ~ 15 分钟即可。

葡萄紫甘蓝汁

材料

紫葡萄 100 克，蓝莓 30 克，火龙果 120 克，紫甘蓝 50 克，纯净水 100 毫升

制作方法

1 紫葡萄对半切开，去籽；紫甘蓝切成小块；火龙果去皮，再切成小块；蓝莓洗净，备用。

2 将所有食材放入榨汁机，倒入纯净水，榨成汁即可。

法式传统巧克力蛋糕

材料

蛋黄糊

烘焙巧克力 60 克，纽扣巧克力 20 克，无盐黄油 50 克，蛋黄 3 个，细砂糖 40 克，淡奶油 35 毫升，低筋面粉 20 克，可可粉 35 克

蛋白霜

蛋清 3 个，细砂糖 50 克，香橙干邑甜酒 5 克

装饰

糖粉适量

制作方法

1 将准备好的两种巧克力和无盐黄油倒入搅拌盆中。

2 隔水加热至熔化状态，搅拌均匀。

3 倒入蛋黄和 40 克细砂糖，搅拌均匀。

4 倒入淡奶油，搅拌均匀。

5 筛入低筋面粉和可可粉，搅拌均匀，制成蛋黄糊。

6 将蛋清、50 克细砂糖及香橙干邑甜酒倒入新的搅拌盆中，用电动打蛋器打发，制成蛋白霜。

7 将 1/3 蛋白霜加入蛋黄糊中，搅拌均匀，再倒回至剩余蛋白霜中，搅拌均匀，制成蛋糕糊。

8 将蛋糕糊倒入圆形活底蛋糕模中，震动几下，放进预热至 180℃的烤箱中烘烤约 10 分钟，再以 160℃烘烤约 30 分钟，烤好后取出，震动几下，撒上糖粉即可。

双莓葡萄果汁 & 树桩蛋糕

双莓葡萄果汁

材料

草莓 50 克，蓝莓 30 克，紫葡萄 60 克，纯净水 100 毫升

制作方法

1 紫葡萄洗净后对半切开；草莓洗净去蒂，对半切开；蓝莓洗净，备用。
2 将草莓、蓝莓、紫葡萄放入榨汁机，倒入纯净水，榨成汁即可。

树桩蛋糕

材料

可可蛋糕坯

蛋黄 45 毫升，蛋清 150 毫升，白糖 55 克，低筋面粉 50 克，温水 70 毫升，可可粉 20 克

可可奶油内馅

淡奶油 250 毫升，可可粉 10 克，糖 10 克

巧克力奶油抹面

黑巧克力 50 克，淡奶油 50 毫升

制作方法

1. 将蛋黄倒入大碗中，加入 15 克白糖用打蛋器打散至糖溶化。
2. 将 20 克可可粉倒入温水中用打蛋器拌匀，倒入蛋黄糊中拌匀，倒入低筋面粉拌匀，制成可可面糊。
3. 蛋清中加入 40 克白糖，用电动打蛋器打发至湿性发泡，取出 1/3 加入可可面糊中拌匀后倒回蛋白糊碗中，拌匀。
4. 将混合均匀后的面糊倒入垫有烘焙纸的方形烤盘中，刮平整后轻震两下排出气泡，放入预热好的烤箱中，以上火 170℃、下火 150℃的温度，烘烤 15 ~ 20 分钟，烘烤完成后取出倒扣，放凉后撕去烘焙纸。
5. 250 毫升淡奶油中加入 10 克可可粉和 10 克白糖，打发至硬性发泡，即不流动的硬挺状，制成奶油馅。
6. 晾凉的蛋糕背面朝上，均匀地抹上部分奶油馅，抹平，在一端放上剩下的奶油馅，使其鼓起来。
7. 用烘焙纸将蛋糕卷起来包好，放入冰箱冷藏 2 ~ 3 小时。
8. 将 50 克巧克力隔水加热至巧克力完全熔化，再和 50 毫升淡奶油搅拌均匀，制成巧克力奶油糊。
9. 将冷藏定形后的蛋糕卷外侧抹上巧克力奶油糊，完全冷却即可。

橙子红椒汁 & 巧克力熔岩蛋糕

橙子红椒汁

材料

橙子 200 克，胡萝卜 40 克，苹果 100 克，黄瓜 80 克，红甜椒 8 克

制作方法

1 将橙子去皮，橙子肉切块。
2 将胡萝卜去皮，用流水冲洗干净，切小片。
3 将苹果去皮洗净，切块。
4 黄瓜用清水冲洗，切成适宜的小块。
5 红甜椒洗净，去蒂头与籽，切块。
6 将所有食材放到榨汁机中，盖上榨汁机盖，搅拌成液态即可。

巧克力熔岩蛋糕

材料

黑巧克力 70 克，无盐黄油 55 克，低筋面粉 30 克，全蛋 1 个，蛋黄 1 个，细砂糖 20 克，朗姆酒 1 大勺，糖粉少许

制作方法

1 将黄油和黑巧克力隔温水熔化，混合均匀。
2 把蛋黄加入全蛋中，用手动打蛋器打散，加入细砂糖搅拌均匀。
3 将蛋液慢慢加入到黄油巧克力液中，拌匀，加入朗姆酒，拌匀。
4 再加入过筛后的低筋面粉，拌匀成顺滑的面糊，包上保鲜膜，放入冰箱冷藏半小时以上。
5 在小钢模里面刷上一层黄油，取出冷藏好的面糊，装入裱花袋，再挤入小钢模中，约八分满。
6 将蛋糕放入预热好的烤箱，以上火 220℃、下火 200℃的温度，烤约 5 分钟。
7 蛋糕出炉后稍凉几分钟，然后小心脱模，撒上糖粉即可。

TIPS

没有朗姆酒的话，可以用清水代替；黄油和巧克力最好是隔温水搅拌慢慢熔化，水温不要太高，控制在 40℃以下为好，温度太高巧克力风味会变；鸡蛋要用常温鸡蛋，因为从冰箱直接拿出来的鸡蛋温度太低，会让面糊变得太过浓稠。

胡萝卜牛奶汁 & 巧克力曲奇

胡萝卜牛奶汁

材料

胡萝卜 100 克，牛奶 150 毫升，蜂蜜适量

制作方法

1 将胡萝卜去表皮，用清水冲洗，切成小片。
2 将所有食材装进榨汁机里，盖上榨汁机盖，榨取果汁即可。

巧克力曲奇

材料

无盐黄油 50 克，细砂糖 100 克，鸡蛋液 25 毫升，低筋面粉 150 克，可可粉 5 克

制作方法

1 将无盐黄油室温软化，放入干净的搅拌盆中。
2 加入细砂糖，搅拌均匀。
3 倒入鸡蛋液，充分搅拌均匀，至鸡蛋液与无盐黄油完全融合。
4 筛入低筋面粉、可可粉，用橡皮刮刀搅拌均匀，用手轻轻揉成光滑的面团。
5 将面团揉搓成圆柱体，放入冰箱冷冻约 30 分钟，方便切片操作。
6 取出面团，将其切成厚度约 4 毫米的饼干坯，放在烤盘上。
7 烤箱以上、下火 180℃预热，将烤盘置于烤箱的中层，烘烤 10~13 分钟。
8 取出后晾凉即可食用。

PART 4

冰饮与甜点，让甜点再甜一点

能让人暂时逃离烦躁心情的冰沙与充满异域风情的抹茶、咖啡、椰子、焦糖等制成的烘焙制品搭配，冰中带甜，心情也跟着阳光起来。

百香果冰沙 & 咖啡雪球

百香果冰沙

材料

百香果 1 个，冰块适量

制作方法

1 将洗净的百香果对半切开，取出果肉，装碗中。
2 把百香果倒入冰沙机中，再倒入冰块。
3 按下启动键，将食材搅打成冰沙。
4 将打好的冰沙倒入杯中，淋上百香果果肉即可。

咖啡雪球

材料

黄油 100 克，糖粉 50 克，咖啡粉 5 克，低筋面粉 150 克

制作方法

1 把黄油倒入玻璃碗中，用电动打蛋器打散，加入糖粉继续搅拌。

2 加入咖啡粉搅拌，再加入低筋面粉，用长柄刮板搅拌均匀。

3 把面团揉成若干个小球，放进垫有烘焙纸的烤盘中，用勺子压一下整形。

4 在面团表面均匀筛上糖粉，把烤盘放进已预热好的烤箱中，以上火 165℃、下火 145℃，烘烤约 15 分钟即可。

西柚冰沙 & 抹茶草莓蛋糕卷

西柚冰沙

扫一扫看视频

材料

西柚 1 个，冰块适量

制作方法

1. 将洗净的西柚去皮，切成块。
2. 把西柚倒入冰沙机中，再倒入冰块。
3. 按下启动键将食材搅打成沙冰。
4. 将打好的冰沙倒入杯中即可。

抹茶草莓蛋糕卷

材料

蛋糕卷

蛋黄液 45 毫升，白糖 70 克，牛奶 60 毫升，色拉油 40 毫升，低筋面粉 60 克，抹茶粉 8 克

夹馅

蛋清 150 毫升，淡奶油 250 毫升，白糖 25 克，草莓适量，蓝莓数颗

制作方法

1 将 10 克白糖加入蛋黄液中搅匀，分 4 次倒入色拉油，充分拌匀，接着加入抹茶粉拌匀，再加入牛奶拌匀。

2 将过筛后的低筋面粉加入蛋黄液中，用刮刀拌匀至看不到面粉。

3 蛋清倒入碗中，用电动打蛋器打发，分多次加入 60 克白糖打发至七成，提起打蛋器有弯弯的小勾即可。

4 取 1/3 的蛋白霜放入蛋黄糊中翻拌均匀，再倒回剩下的蛋白霜中，继续翻拌均匀。

5 把面糊倒入垫有油纸的烤盘中，抹平，震出气泡。

6 将烤盘放入预热好的烤箱中，以上火 170℃、下火 150℃的温度，烘烤约 15 分钟。

7 蛋糕出炉后倒扣，撕去油纸，晾至不烫手。

8 将淡奶油和白糖放入碗中，打发至打蛋器提起可拉出尖角。

9 蛋糕片正面朝上，涂抹一层奶油后摆上草莓和蓝莓，轻轻卷起后用油纸包好，放入冰箱冷藏半小时以上。

10 将冷藏好的蛋糕卷取出，用刀具将蛋糕卷切成小段即可。

牛油果冰沙

材料

牛油果 1 个，冰块适量，火龙果 1 片

制作方法

1 将洗净的牛油果去皮，切成块。
2 把牛油果倒入冰沙机中，再倒入冰块。
3 按下启动键将食材搅打成冰沙。
4 将打好的冰沙倒入杯中，点缀上火龙果片即可。

斑斓切件

材料

鸡蛋210克，斑斓精3毫升，细砂糖40克，柠檬汁3毫升，玉米油40毫升，淡奶油300毫升，低筋面粉40克，糖粉30克，椰浆40毫升，椰蓉15克，巧克力碎适量

制作方法

1 分离蛋黄、蛋白，蛋白中加入柠檬汁打至粗泡，分次加细砂糖打至湿性偏硬的状态，放入冰箱冷藏。

2 蛋黄中加入细砂糖打至蛋黄发白、糖溶化，分别加入玉米油、椰浆拌匀，筛入低筋面粉，稍加搅拌后用电动打蛋器打匀，加入斑斓精拌匀。

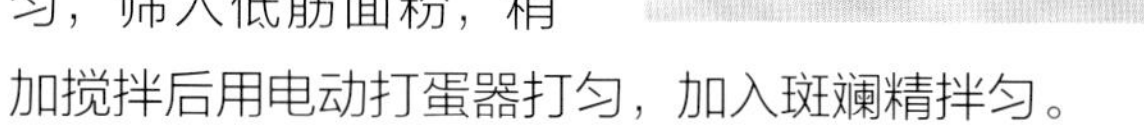

3 取出蛋白抽打几下，变至顺滑的状态，取1/3蛋白加入蛋黄糊拌匀后，倒入剩余蛋白拌匀，倒入圆形模具中，震几下，用刮板刮平，放入预热好的烤箱，以上、下火各180℃，烤18分钟左右。

4 出炉后震一下，倒扣在垫了油纸的烤架上，脱模。

5 淡奶油中加入糖粉打发到奶油不流动、足够硬的状态，冷藏待用。

6 蛋糕晾凉后，用小刀去掉上色的表皮，将蛋糕横切成两片圆形蛋糕，在其中一片上面均匀抹上一层打发好的淡奶油，撒上椰蓉，再盖上另一片蛋糕。

7 将剩下的奶油均匀涂抹在蛋糕表面和侧面。

8 用刨刀刨适量巧克力碎，装饰表面，然后放入冰箱冷藏6小时以上即可。

蓝莓冰沙 & 焦糖慕斯

蓝莓冰沙

材料

蓝莓 120 克，冰块适量

制作方法

1 将洗净的蓝莓切成块。
2 把大部分蓝莓倒入冰沙机中，再倒入冰块。
3 按下启动键将食材搅打成冰沙。
4 将打好的冰沙倒入杯中，最后点缀上剩余的蓝莓即可。

焦糖慕斯

材料

慕斯底

牛奶 70 毫升，淡奶油 250 毫升，黑、白巧克力各 100 克，吉利丁片 5 克，朗姆酒 5 毫升

慕斯淋面

牛奶 90 毫升，牛奶巧克力 150 克，果胶 75 克，淡奶油 70 毫升，细砂糖 10 克，吉利丁片 5 克

制作方法

1 慕斯淋面的做法：把细砂糖加热熬成焦糖，加入牛奶、果胶和淡奶油拌匀，加入用冷水软化的吉利丁片继续搅拌，充分混合后关火，加入牛奶巧克力继续搅拌，直至巧克力充分熔化。

2 慕斯底的做法：把牛奶和软化的吉利丁片隔水加热搅拌均匀，继续加入黑、白巧克力搅拌，直至完全熔化。把淡奶油用电动打蛋器打至六成发，倒入搅拌好的牛奶巧克力酱翻拌均匀，最后加入朗姆酒，搅拌匀。

3 把慕斯底装入裱花袋，挤进模具里约九分满，轻震几下排出气泡，放入冰箱冷藏 3 小时以上。

4 将巧克力酱用裱花袋挤在平铺的烘焙纸上，用勺子压出形状，冷藏凝固后制成巧克力片。把冷冻好的慕斯放在网架上，淋上慕斯淋面后，在慕斯表面挤上白巧克力酱进行装饰。

5 把装饰好的慕斯放在蛋糕底托上，用巧克力片点缀即可。

橘子冰沙 & 咖啡乳酪泡芙

橘子冰沙

材料

橘子 1 个，冰块适量

制作方法

1 将橘子去皮，取出果肉。
2 把橘子倒入冰沙机中，再倒入冰块。
3 按下启动键将食材搅打成冰沙。
4 将打好的冰沙倒入杯中，点缀上橘子瓣即可。

咖啡乳酪泡芙

材料

泡芙面团

低筋面粉 100 克，水 160 毫升，黄油 80 克，细砂糖 10 克，盐 1 克，鸡蛋 3 个

咖啡乳酪馅

奶油奶酪 180 克，淡奶油 135 毫升，糖粉 45 克，咖啡粉 10 克

制作方法

1 将水和黄油一起放入不锈钢盆里，用中火加热并稍稍搅拌，使油脂分布均匀。

2 当煮至沸腾的时候，转小火，加入盐和细砂糖，再一次性倒入低筋面粉。

3 用打蛋器快速搅拌，使面粉和水完全混合在一起后关火。

4 把面糊倒入玻璃碗中搅散，使面糊散热，等面糊冷却到不太烫手的时候，分多次加入鸡蛋，每一次都要搅拌至面糊完全把鸡蛋吸收以后，再加下一次。

5 用长柄刮板把面糊装入裱花袋中，挤在垫有烘焙纸的烤盘上，每个面团之间保持距离，以免面团膨胀后碰到一起。

6 把烤盘送入预热好的烤箱，以上火 180℃、下火 160℃烘烤约 20 分钟，直到表面变成黄褐色，取出。

7 将奶油奶酪室温软化后，放入玻璃碗中，用打蛋器搅碎，再加入糖粉，搅打至细滑状。

8 继续加入淡奶油和咖啡粉，并继续用打蛋器搅打，使馅料混合均匀，做成咖啡乳酪馅。

9 取出烤好的泡芙，冷却后将咖啡乳酪馅装入裱花袋里，填入泡芙即可。

猕猴桃冰沙 & 杯杯抹茶

猕猴桃冰沙

材料

猕猴桃 1 个，汽水 10 毫升，糖水 5 毫升，冰块适量

制作方法

1 将洗净的猕猴桃去皮，切成块。
2 把猕猴桃倒入冰沙机中，加入汽水、糖水和冰块。
3 按下启动键将食材搅打成冰沙。
4 将打好的冰沙倒入杯中，点缀上猕猴桃片即可。

杯杯抹茶

材料

慕斯液

奶油奶酪 150 克，牛奶 80 毫升，抹茶粉 10 克，吉利丁片 4 克，细砂糖 40 克，淡奶油 130 毫升

装饰

抹茶粉适量

制作方法

1 在搅拌盆中放入奶油奶酪，打至顺滑，再倒入牛奶，搅拌均匀。
2 加入 20 克细砂糖，搅拌均匀。
3 将吉利丁片用水泡软。
4 将泡软的吉利丁片滤干多余水分，隔水加热熔化，倒入步骤 2 的混合物中，搅拌均匀。
5 取另一搅拌盆，倒入淡奶油及 20 克细砂糖，用电动打蛋器快速打发。
6 步骤 4 的混合物倒入步骤 5 的混合物中，搅拌均匀。
7 筛入 10 克抹茶粉，搅拌均匀，倒入玻璃杯中，放入冰箱冷藏 4 小时以上。
8 取出蛋糕，撒上抹茶粉即可。

樱桃冰沙

材料

樱桃 80 克，蜂蜜 10 克，冰块适量

制作方法

1. 将洗净的樱桃，对半切开，去核。
2. 把樱桃倒入冰沙机中，加入蜂蜜、冰块。
3. 按下启动键将食材搅打成冰沙。
4. 将打好的冰沙倒入杯中即可。

TIPS

加少许朗姆酒可以提升口味。

焦糖巴巴露

材料

饼干底

奥利奥饼干 30 克，无盐黄油 10 克，细砂糖 70 克，水 10 毫升，牛奶 70 毫升，蛋黄 1 个，吉利丁片 8 克，淡奶油 155 克

装饰

防潮可可粉适量，巧克力适量

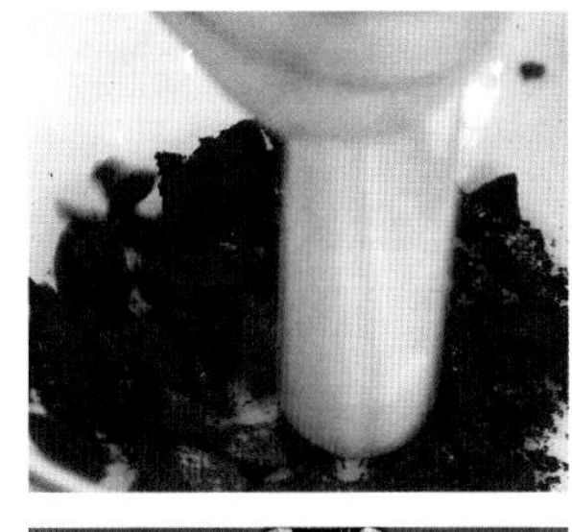

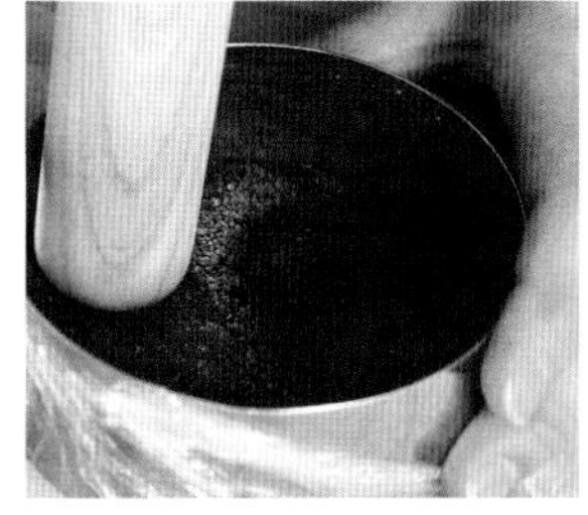

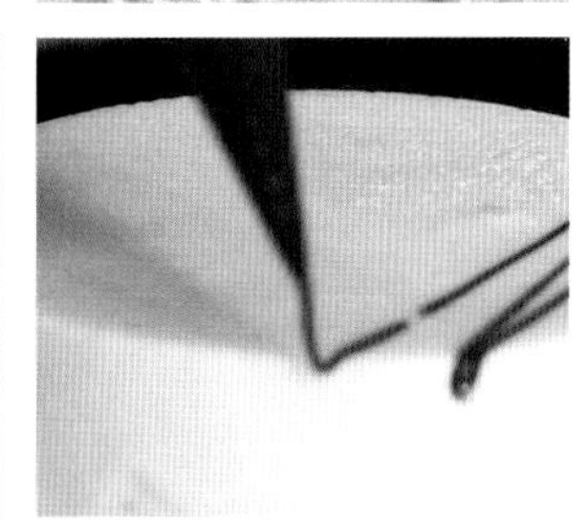

制作方法

1 将奥利奥饼干去掉夹心，敲碎，备用。
2 在慕斯圈底部包好保鲜膜。
3 将无盐黄油加热至熔化，倒入饼干碎中搅拌均匀，再倒入慕斯圈中，压实，作为饼底。
4 在锅中倒入细砂糖和水，加热至微焦状，再倒入 20 克淡奶油及牛奶，搅拌均匀。
5 将蛋黄放入搅拌盆，打散；再倒入步骤 4 中的混合物及吉利丁片，搅拌均匀。
6 将 135 克淡奶油倒入搅拌盆，用电动打蛋器快速打发，取 1/3 倒入步骤 5 的混合物中，搅拌均匀，再倒回至已打发的淡奶油中，搅拌均匀，制成巴巴露。
7 将巴巴露倒入放有饼干底的模具中，冷藏 4 小时以上。
8 取出冷冻好的蛋糕，脱模，将巧克力熔化，装入裱花袋，挤在蛋糕表面，撒上防潮可可粉。

南瓜冰沙 & 抹茶戚风蛋糕

南瓜冰沙

材料

南瓜 120 克，冰块适量

制作方法

1 将洗净的南瓜去皮，切成块。
2 将南瓜放入微波炉，加热 5 分钟至熟软，取出，压成泥，放凉待用。
3 把南瓜泥倒入冰沙机中，加入冰块，按下启动键将食材搅打成冰沙。
4 将打好的冰沙倒入杯中即可。

抹茶戚风蛋糕

材料

蛋黄糊

低筋面粉 70 克，蛋黄 3 个，细砂糖 20 克，牛奶 60 克，色拉油 40 克，粟粉 8 克，泡打粉 2 克，抹茶粉 8 克

蛋白霜

蛋清 140 毫升，细砂糖 50 克

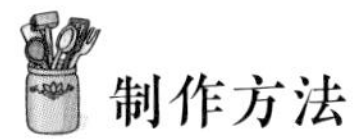

制作方法

1 在搅拌盆中将蛋黄打散，倒入 20 克细砂糖，搅拌均匀。
2 倒入牛奶及色拉油，搅拌均匀。
3 筛入低筋面粉、泡打粉、抹茶粉和粟粉，搅拌均匀，制成蛋黄糊。
4 取一新的搅拌盆，倒入蛋清和 50 克细砂糖，用电动打蛋器打发至可提起鹰嘴状。
5 将 1/3 的蛋白霜加入到蛋黄糊中，用橡皮刮刀轻轻搅拌均匀。
6 再倒回剩余的蛋白霜中，搅拌均匀，制成蛋糕糊。
7 将蛋糕糊从距离桌面约 25 厘米处倒入中空蛋糕模具中。
8 烤箱预热至 180℃，将蛋糕模具放入烤箱，烤约 25 分钟，至蛋糕表面上色。烤好后，取出放凉，将模具倒扣，防止塌陷。

黄瓜冰沙 & 抹茶蜜豆饼干

黄瓜冰沙

材料

黄瓜 1 根，汽水 10 毫升，冰块适量

制作方法

1 洗净的黄瓜切成块。
2 把黄瓜倒入冰沙机中，加入冰块、汽水。
3 按下启动键将食材搅打成冰沙。
4 将打好的冰沙倒入杯中即可。

抹茶蜜豆饼干

材料

低筋面粉 120 克，黄油 75 克，抹茶粉 6 克，糖粉 35 克，蜜豆 35 克，鸡蛋液 15 毫升

制作方法

1. 将室温软化的黄油倒入糖粉中，搅拌均匀后用电动打蛋器打至体积膨松、颜色发白。
2. 将鸡蛋液分 3 次加入，每一次打至完全均匀后再继续加入，加入蜜豆搅拌均匀。
3. 将过筛后的低筋面粉和抹茶粉混合均匀，分 2 次加入黄油糊中，拌匀揉成面团。
4. 将面团放进方形模具中，用刮板整成长条形，放进冰箱冷冻 1 小时。
5. 将冷冻好的饼干坯取出，用火枪或者热毛巾加热模具底部，进行脱模。
6. 将饼干坯切成厚薄均匀的方形片，放入预热好的烤箱中，以上火 160℃、下火 120℃，烤 15 分钟左右即可。

草莓蓝莓酸奶冰沙

材料

草莓 4 颗，蓝莓 30 克，酸奶 50 克，冰块适量，薄荷叶少许

制作方法

1 草莓洗净，去蒂，切成块；蓝莓洗净，对半切开。
2 把草莓、蓝莓和酸奶倒入冰沙机中，再倒入冰块。
3 按下启动键将食材搅打成冰沙。
4 将打好的冰沙倒入杯中，放上薄荷叶装饰即可。

TIPS

薄荷叶气味清新，提神醒脑，加入薄荷叶可提升冰沙的风味。

椰香蛋白饼干

材料

蛋白 30 毫升，香草精 2 克，细砂糖 30 克，椰蓉 50 克

制作方法

1 将蛋白放入一个无水无油的干净搅拌盆中。
2 加入细砂糖，拿出电动打蛋器，注意保持打蛋头的干燥和清洁，否则蛋白不易打发。
3 将蛋白打至提起电动打蛋器可以拉出鹰嘴钩，也就是硬性发泡。
4 加入椰蓉，用橡皮刮刀搅拌均匀。
5 倒入香草精，用橡皮刮刀搅拌均匀，以去除蛋白中的腥味。
6 将制好的蛋白装入裱花袋，在裱花袋的闭口处用剪刀剪出一个约 1 厘米的开口。
7 在烤盘上挤出蛋白花饼干坯。
8 烤箱以上、下火 130℃预热，将烤盘置于烤箱的中层，烘烤 30 分钟后，在烤箱内放置 10 分钟左右即可。

猕猴桃香蕉酸奶冰沙

材料

香蕉 1 根，猕猴桃 1 个，绿葡萄 30 克，酸奶 40 克，冰块适量

制作方法

1 将猕猴桃去皮，切成块；将洗净的葡萄对半切开，去籽；香蕉切成段。

2 把香蕉、猕猴桃、葡萄、酸奶倒入冰沙机中。

3 再放入冰块，按下启动键将食材搅打成冰沙。

4 将打好的冰沙倒入杯中即可。

抹茶布丁

材料

牛奶200毫升，抹茶粉5克，细砂糖30克，淡奶油150毫升，吉利丁5克，蜜红豆适量

制作方法

1 将吉利丁放入冷水中泡软。
2 将淡奶油倒入大碗中，倒入牛奶，混合均匀后倒入奶锅中，小火加热。
3 放入细砂糖，搅拌至糖溶化。
4 抹茶粉过筛加入牛奶中，用手持打蛋器搅拌成均匀的抹茶牛奶。
5 关火，放入沥干水的吉利丁，拌匀。
6 将抹茶牛奶液倒入布丁杯中，再放入冰箱冷藏到布丁不流动。
7 最后放上适量蜜红豆增添口感即可。

蓝莓巧克力椰奶冰沙 & 抹茶达克瓦兹

蓝莓巧克力椰奶冰沙

材料

蓝莓 60 克，巧克力 1 片，椰汁 15 毫升，牛奶 10 毫升，冰块适量

制作方法

1 将蓝莓洗净；巧克力切成碎。
2 将蓝莓倒入冰沙机中，加入椰汁、牛奶。
3 再倒入冰块，按下启动键将食材搅打成冰沙。
4 将打好的冰沙装入杯中，摆上剩下的蓝莓，撒上巧克力碎即可。

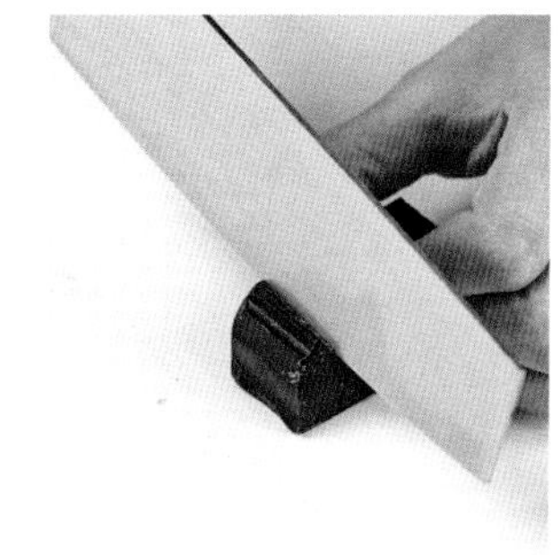

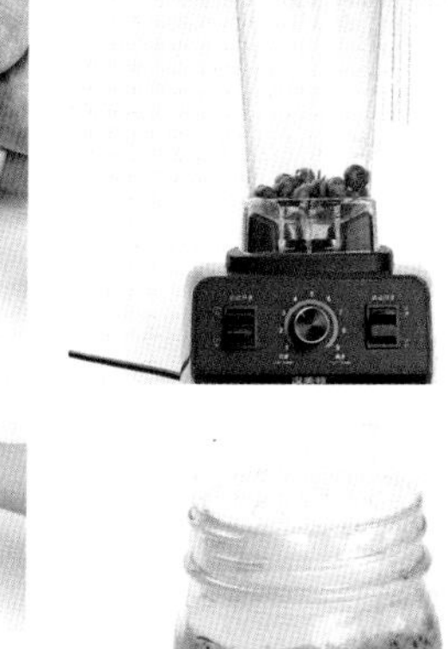

TIPS

巧克力碎是万能的甜点装饰物，不仅能使造型显得美观，而且还能给身体提供能量，食用后元气满满。

抹茶达克瓦兹

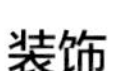材料

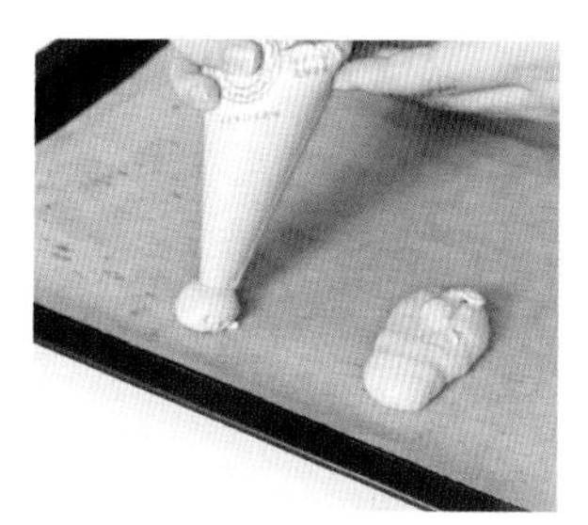

饼干体

蛋白 60 毫升，细砂糖 20 克，杏仁粉 33 克，糖粉 30 克，低筋面粉 20 克，抹茶粉 10 克

装饰

糖粉 20 克

奶油夹心

黑巧克力 90 克，淡奶油 30 毫升，玉米糖浆 5 毫升

制作方法

1 将蛋白加入细砂糖，用电动打蛋器搅打至可以拉出鹰嘴钩。

2 筛入低筋面粉、杏仁粉、糖粉、抹茶粉，搅拌均匀。

3 将面糊装入裱花袋，挤出，作为达克瓦兹的饼干体。

4 烤箱以上、下火 180℃预热，将烤盘置于烤箱的中层，烘烤 12 分钟，取出后用网筛将糖粉筛在其表面做装饰。

5 将黑巧克力隔温水熔化；向玉米糖浆中倒入淡奶油，搅拌均匀，再倒入黑巧克力液中，搅拌均匀后放入裱花袋。

6 将裱花袋剪一个小口，挤在达克瓦兹的内侧平整处，与另一片达克瓦兹内侧平整处贴合即可。

椰芒冰沙 & 罗曼咖啡曲奇

椰芒冰沙

材料

芒果 1 个，椰汁 10 毫升，红豆 10 克，冰块适量

制作方法

1 洗净的芒果去皮，切成块。

2 把芒果块倒入冰沙机中，淋上椰汁，再倒入冰块，按启动键搅打成冰沙。将打好的冰沙装入杯中，用红豆点缀即可。

罗曼咖啡曲奇

材料

低筋面粉 125 克，黄油 115 克，牛奶 30 毫升，糖粉 60 克，咖啡粉 10 克，盐 2 克，高筋面粉 35 克

制作方法

1 把黄油、糖粉和盐放入玻璃碗中搅拌至颜色变浅。

2 分两次加入牛奶并继续用电动打蛋器搅拌。

3 加入低筋面粉搅拌，接着加入高筋面粉，继续搅拌，最后倒入咖啡粉搅拌均匀。

4 将搅拌好的面糊用长柄刮板装入裱花袋中，然后均匀地挤在烤盘上。

5 将烤盘放进预热好的烤箱中，以上火 180℃、下火 150℃，烘烤约 20 分钟，曲奇烤好后取出装盘即可食用。

TIPS

必须使用速溶纯咖啡粉，不能使用三合一咖啡粉，否则会导致材料比例不均，影响成品的口感。

番茄话梅冰沙 & 抹茶红豆玛芬

番茄话梅冰沙

材料

番茄 1 个，话梅 10 克，糖水 5 克，冰块适量

制作方法

1 将洗净的番茄切成块。
2 把番茄倒入冰沙机中。
3 加入糖水、冰块，按启动键搅打成冰沙。
4 将打好的冰沙装入杯中，最后点缀上话梅即可。

抹茶红豆玛芬

材料

低筋面粉 100 克，抹茶粉 5 克，蜜红豆 50 克，鸡蛋 1 个，玉米油 50 毫升，细砂糖 50 克，牛奶 60 毫升，泡打粉 5 克

制作方法

1 鸡蛋和细砂糖混合均匀，倒入牛奶混合均匀。
2 将低筋面粉、抹茶粉和泡打粉混合均匀，过筛后分次加入鸡蛋牛奶液中拌匀。
3 分次倒入玉米油混合均匀，加入蜜红豆拌匀，制成面糊。
4 将面糊装入裱花袋中，挤入蛋糕杯，接着撒上蜜红豆，放入预热好的烤箱中，以上、下火 175℃，烤 25 分钟即可。

TIPS

粉类一定要先混合均匀，过筛后才能加入，以免因粉类结块而影响成品口感。

紫薯黄瓜冰沙 & 摩卡达克瓦兹

紫薯黄瓜冰沙

材料

紫薯 1 个，黄瓜 1 根，酸奶 50 克，冰块适量

制作方法

1. 将洗净的紫薯去皮，切成块；将洗净的黄瓜切成片。
2. 把紫薯、黄瓜和酸奶倒入冰沙机中。
3. 再倒入冰块，按启动键搅打成冰沙。
4. 将打好的冰沙装入杯中即可。

TIPS

如果想要两层色彩的话，最开始用一半的水果放入搅拌机中搅拌，然后将剩余的水果和蔬菜一起放入搅拌机搅拌，按照绿色—粉色的顺序倒入杯中。

摩卡达克瓦兹

材料

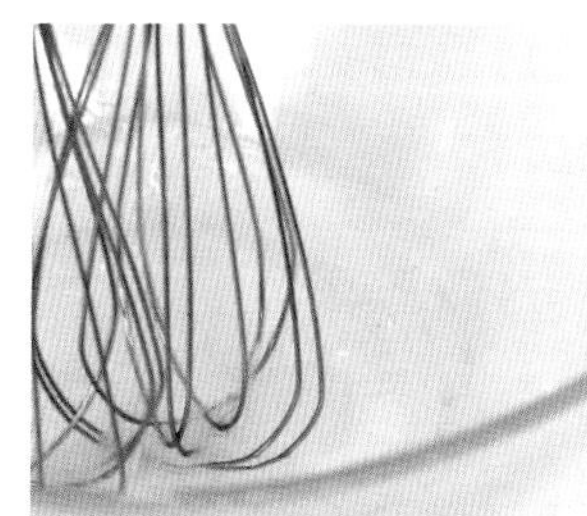

饼干体

蛋白 60 毫升，细砂糖 20 克，杏仁粉 33 克，糖粉 30 克，低筋面粉 20 克，速溶咖啡粉 10 克

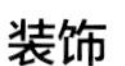

装饰

糖粉 20 克

奶油夹心

黑巧克力 90 克，淡奶油 30 毫升，黄糖糖浆 5 克

制作方法

1 在蛋白中加入细砂糖。

2 将蛋白搅打至可以拉出鹰嘴钩即可。

3 筛入低筋面粉、杏仁粉、糖粉、速溶咖啡粉，搅拌均匀。

4 将面糊装入裱花袋，挤出，作为达克瓦兹的饼干体。

5 烤箱以上、下火 180℃预热，将烤盘置于烤箱的中层，烘烤 12 分钟，取出后用网筛将 20 克糖粉筛在饼干体表面做装饰。

6 将黑巧克力隔温水熔化；向黄糖糖浆中倒入淡奶油，搅拌均匀。再将淡奶油倒入黑巧克力液中，搅拌均匀，放入裱花袋，挤在达克瓦兹的内侧平整处，与另一片达克瓦兹内侧平整处贴合即可。

PART 5

咖啡与甜点，浓郁清淡皆有序

忘却记忆中咖啡的平淡与苦涩，走进花式咖啡与鲜甜的水果制成的烘焙制品及爽滑的布丁美妙绝伦的搭配，温馨惬意，让您体验一轮西式餐桌的韵味。

意式浓缩咖啡 & 榴莲千层

意式浓缩咖啡

材料

咖啡豆 20 克

制作方法

1. 在手柄中盛入用磨豆机将咖啡豆磨成粉状的咖啡粉。
2. 用粉锤将咖啡粉压平。
3. 将手柄安装在意式咖啡机上，开始萃取，用咖啡杯盛装即可。

TIPS

在使用意式咖啡机前，在滤器中注入热水清洗，并温热器具，再用布擦干水分。萃取咖啡时要经常检视咖啡的状态。冲泡 2 个 1 盎司杯 Espresso 的萃取时间应在 20 ~ 30 秒间。除时间之外，如 Espresso 的颜色开始变淡，应该结束制作。目标应是在 20 ~ 30 秒内制出暗红色的 Espresso 而不变色。

榴莲千层

材料

牛奶 360 毫升，鲜奶油 700 毫升，鸡蛋 2 个，糖粉 60 克，低筋面粉 120 克，榴莲肉 500 克，黄油 22 克

制作方法

1 鸡蛋打入碗里，打散，加入糖粉搅打均匀，倒入牛奶拌匀，筛入低筋面粉，慢慢地搅拌均匀，制成稀面糊。
2 将黄油隔水加热熔化成液态后，倒入面糊里，搅拌均匀，将面糊过筛后，放入冰箱冷藏静置半个小时。
3 平底锅涂上薄薄的一层油，用小火加热，倒入两大勺约 50 毫升的面糊，摊成圆形，小火慢慢地煎到面糊凝固，用铲子能轻易铲起即可，重复操作至面糊用完。
4 将鲜奶油打发至可以裱花状态，取摊好晾凉的饼坯，先抹上奶油，摆上榴莲肉，再次抹上奶油，摆上榴莲、抹奶油、放饼坯，重复这个步骤直到用完所有饼坯。
5 用刀将制作好的千层切成小块即可。

拿铁咖啡 & 脆皮菠萝蛋糕

拿铁咖啡

材料

意式浓缩咖啡 30 毫升，黄糖 10 克，牛奶适量

制作方法

1 将意式浓缩咖啡注入咖啡杯中。
2 用意式咖啡机的蒸汽杆将牛奶打出奶泡。
3 用牛奶在浓缩咖啡中拉花，饮用时加入黄糖，搅拌均匀即可。

脆皮菠萝蛋糕

材料

蛋黄糊

蛋黄 2 个，细砂糖 20 克，低筋面粉 40 克，粟粉 10 克，泡打粉 2 克，芝士片 40 克，香草精 2 滴，牛奶 30 毫升，色拉油 10 毫升

蛋白霜

蛋清 2 个，细砂糖 20 克

制作方法

1 在搅拌盆中倒入蛋黄和 20 克细砂糖，搅拌均匀。
2 倒入牛奶和色拉油搅拌均匀。
3 倒入香草精，搅拌均匀。
4 筛入低筋面粉、粟粉及泡打粉，搅拌均匀，制成蛋黄糊。
5 将蛋清及 20 克细砂糖，倒入新的搅拌盆中打发，制成蛋白霜。
6 将 1/3 蛋白霜倒入蛋黄糊中，搅拌均匀，再倒回至剩余的蛋白霜中，搅拌均匀，制成蛋糕糊。
7 在芝士片上切割出田字格。
8 烤盘垫上油纸，将蛋糕糊倒入模具中，在表面放上芝士片，放入预热至 170℃的烤箱中烘烤约 16 分钟即可。

康宝蓝 & 夏威夷抹茶曲奇

康宝蓝

材料

淡奶油适量，咖啡豆 15 克，冷水 50 毫升

制作方法

1 将咖啡豆放入磨豆机中，磨成粉状（具有颗粒感的面粉状粉末）。
2 将磨好的咖啡粉放入摩卡壶的粉槽中。
3 向摩卡壶的下座倒入冷水。
4 将装满咖啡粉的粉槽装到咖啡壶下座上。
5 将咖啡壶的上座与下座连接起来。
6 将摩卡壶放在燃气炉上加热 3 ~ 5 分钟，使咖啡往外溢出。
7 当萃取完所有的咖啡后将摩卡壶从燃气炉上取下，将煮好的咖啡倒入咖啡杯中。
8 将淡奶油倒入奶油枪中，往杯子里挤上打发的淡奶油（为了美观与口感，可以淋上适量糖浆）。

夏威夷抹茶曲奇

材料

低筋面粉 110 克，细砂糖 40 克，盐 0.5 克，泡打粉 1 克，鸡蛋液 25 克，无盐黄油 60 克，夏威夷果 50 克，抹茶粉 4 克

制作方法

1 先将夏威夷果切碎备用。
2 将无盐黄油室温软化，放入干净的搅拌盆中，加入细砂糖，搅拌均匀。
3 倒入鸡蛋液，搅拌均匀，至鸡蛋液与无盐黄油完全融合。
4 加入切好的夏威夷果碎，搅拌均匀。
5 加入盐和泡打粉，搅拌均匀。
6 筛入低筋面粉和抹茶粉，用橡皮刮刀搅拌均匀，用手轻轻揉成光滑的面团。
7 将面团揉搓成圆柱体，用油纸包好，放入冰箱冷冻约 30 分钟。
8 取出面团，切成厚度约 4 毫米的饼干坯，放在烤盘上。烤箱以上、下火 180℃预热，将烤盘置于烤箱的中层，烘烤 13 ~ 15 分钟。

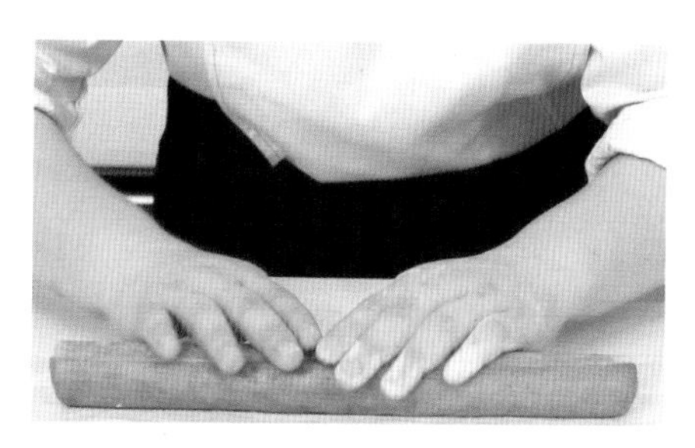

卡布奇诺 & 缤纷鲜果泡芙

卡布奇诺

材料

意式浓缩咖啡 30 毫升，牛奶 150 毫升

制作方法

1 用意式咖啡机的蒸汽杆将牛奶打出奶泡。
2 将意式浓缩咖啡注入咖啡杯中。
3 在浓缩咖啡中倒入打好的奶泡。

缤纷鲜果泡芙

材料

牛奶 80 毫升，清水 100 毫升，盐 2.5 克，鸡蛋 3 个，黄油95克，高筋面粉50克，低筋面粉 50 克，打发好的奶油适量，水果块适量

制作方法

1 将牛奶、清水、盐和黄油倒入奶锅中，加热煮至开。

2 加入高筋面粉、低筋面粉，搅拌匀，关火，逐个加入鸡蛋，搅拌至顺滑。

3 将拌好的面糊装入裱花袋，逐一挤入烤盘内，放入预热的烤箱内，上、下火200℃，烤20分钟。

4 取出烤好的泡芙，从中间切开，挤入打发好的奶油，填上水果块即可。

焦糖玛奇朵 & 芝士榴莲派

焦糖玛奇朵

材料

意式浓缩咖啡 30 毫升，香草糖浆 10 毫升，牛奶 150 毫升，焦糖酱适量

制作方法

1 在咖啡杯中挤入香草糖浆。
2 用意式咖啡机的蒸汽杆将牛奶打出奶泡。
3 将意式浓缩咖啡倒入咖啡杯中。
4 最后再挤上焦糖酱装饰即可。

TIPS

“Macchiato”是意大利文，意思是“烙印”和“印染”，在奶泡上挤上网格图案，就像盖上了印章。焦糖玛奇朵是加了焦糖的玛奇朵，代表“甜蜜的印记”。焦糖的香甜味道和奶泡的轻柔，中和了意式浓缩咖啡的苦味。

芝士榴莲派

材料

派皮

黄油 75 克，低筋面粉 130 克，糖粉 10 克，盐 1 克

派馅

榴莲肉 160 克，（奶油）奶酪 90 克，马苏里拉芝士 200 克

制作方法

1 黄油用打蛋器打至顺滑，加入糖粉和盐拌匀。
2 加入低筋面粉拌匀，制成派皮，装入保鲜袋，放入冰箱冷藏 30 分钟。
3 取出冷藏好的派皮擀开，擀成面皮，铺入派模，去除边缘，用叉子扎眼，放入冰箱冷冻 20 分钟。
4 将（奶油）奶酪用均制机打散，加入榴莲肉打匀，制成馅料。
5 取出冷冻好的派皮，将馅料装入裱花袋，挤入派皮中。
6 将表面整平整，撒上马苏里拉芝士，放入烤盘。
7 放进预热好的烤箱中，以上火 200℃、下火 170℃的温度，烤 16 分钟，根据上色情况，可将烘烤时间延长 3 ~ 5 分钟。

玛琪雅朵 & 红茶奶酥

玛琪雅朵

材料

意式浓缩咖啡 30 毫升，奶泡适量

制作方法

1 用意式咖啡机萃取出30毫升意式浓缩咖啡，备用。

2 将萃取好的浓缩咖啡倒入咖啡杯中，铺上一层奶泡即可。

TIPS

打奶泡时，表面奶泡与空气混合较剧烈，所以表面的奶泡较粗糙。此时可以将奶泡表面较粗糙的部分刮去，如此便可以得到最细致的部分。

红茶奶酥

扫一扫看视频

材料

无盐黄油 135 克，糖粉 50 克，盐 1 克，鸡蛋 1 个，低筋面粉 100 克，杏仁粉 50 克，红茶粉 2 克

制作方法

1 在室温软化的无盐黄油中加入糖粉，用橡皮刮刀搅拌均匀。
2 分次倒入鸡蛋，用手动打蛋器搅拌均匀。
3 加入杏仁粉，搅拌均匀。
4 加入盐、红茶粉，搅拌均匀。
5 筛入低筋面粉，搅拌至面糊光滑无颗粒。
6 在裱花袋上装上圆齿形裱花嘴，再将面糊装入裱花袋中。
7 在烤盘上挤出齿花水滴形状的曲奇。
8 烤箱以上火 170℃、下火 160℃预热，将烤盘置于烤箱中层，烘烤 18 分钟即可。

摩卡咖啡 & 胡萝卜蛋糕

摩卡咖啡

材料

牛奶 250 毫升，咖啡豆 15 克，冷水 50 毫升，巧克力酱适量，淡奶油适量

制作方法

1 将咖啡豆放入磨豆机中，磨成粉状（具有颗粒感的面粉状粉末）。

2 将磨好的咖啡粉放入摩卡壶的粉槽中。

3 向摩卡壶的下座倒入冷水。

4 将装满咖啡粉的粉槽安装到咖啡壶下座上。

5 将咖啡壶的上座与下座连接起来。

6 将摩卡壶放在燃气炉上加热 3 ~ 5 分钟，使咖啡往外溢出，当萃取完所有的咖啡后将摩卡壶从燃气炉上取下。

7 向咖啡杯中挤入适量巧克力酱，倒入煮好的咖啡，搅拌均匀，倒入加热好的牛奶，搅拌均匀。

8 将淡奶油倒入奶油枪中，往杯子上挤上打发好的淡奶油，淋上适量巧克力酱即可。

胡萝卜蛋糕

材料

蛋糕糊

胡萝卜碎、苹果碎各 75 克，鸡蛋 3 个，细砂糖 150 克，盐 2 克，色拉油 135 毫升，高筋面粉 135 克，泡打粉 2 克，肉桂粉 5 克，核桃碎 30 克，蔓越莓干 30 克

夹馅

奶油奶酪 200 克，细砂糖 50 克，淡奶油 15 毫升

制作方法

1 将鸡蛋倒入搅拌盆中，打散。

2 倒入盐和 150 克细砂糖，快速打发。

3 倒入色拉油，搅拌均匀。

4 筛入高筋面粉、泡打粉和肉桂粉，搅拌均匀。

5 再倒入胡萝卜碎、苹果碎、核桃碎和蔓越莓干，搅拌均匀，制成蛋糕糊，倒入模具中，放入预热至 180℃的烤箱中烘烤约 45 分钟，烤好后放凉。

6 将奶油奶酪用电动打蛋器搅打至顺滑。

7 倒入淡奶油和 50 克细砂糖，搅拌均匀，装入裱花袋中。

8 将烤好的蛋糕脱模，切成 3 层，在每两层之间挤上步骤 7 中的混合物，作为夹馅，抹平。将剩余的混合物抹在蛋糕表面呈波浪状即可。

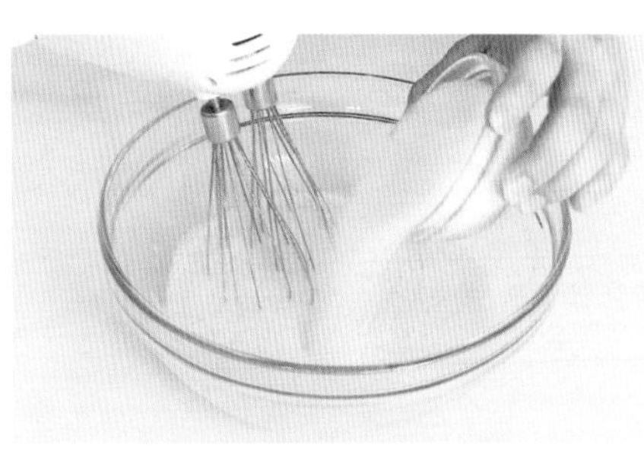

黄油咖啡 & 蔓越莓曲奇

黄油咖啡

材料

黄油 30 克，咖啡豆 15 克，冷水 50 毫升

制作方法

1. 将咖啡豆放入磨豆机中，磨成粉状（具有颗粒感的面粉状粉末）。
2. 将磨好的咖啡粉放入摩卡壶的粉槽中。
3. 向摩卡壶的下座倒入冷水。
4. 将装满咖啡粉的粉槽装到咖啡壶下座上。
5. 将咖啡壶的上座与下座连接起来。
6. 将摩卡壶放在燃气炉上加热 3 ~ 5 分钟，使咖啡往外溢出。
7. 当萃取完所有的咖啡后将摩卡壶从燃气炉上取下。
8. 将煮好的咖啡倒入装有黄油的咖啡杯中，搅拌均匀即可。

蔓越莓曲奇

材料

无盐黄油 125 克，糖粉 60 克，盐 1 克，蛋黄 20 毫升，低筋面粉 170 克，蔓越莓干 25 克

制作方法

1 将室温软化的无盐黄油和糖粉放入搅拌盆中，用橡皮刮刀搅拌均匀。
2 倒入蛋黄（打散）继续搅拌，至蛋黄与无盐黄油完全融合。
3 再加入盐和蔓越莓干，搅拌均匀。
4 筛入低筋面粉，用橡皮刮刀搅拌均匀，用手轻轻揉成光滑的面团。
5 将面团揉搓成圆柱体，用油纸包好，放入冰箱冷冻约 30 分钟。
6 取出面团，用刀将其切成厚度约为 4 毫米的饼干坯，放在烤盘上。
7 烤箱以上、下火 175℃预热，将烤盘置于烤箱中层，烘烤 15 分钟即可。

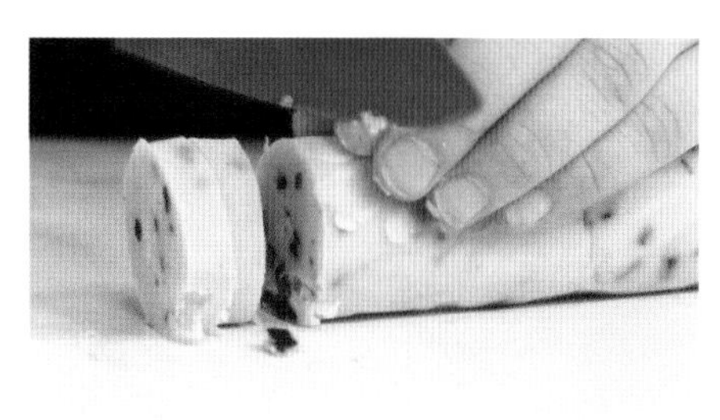

阿芙佳朵 & 苹果玫瑰花

阿芙佳朵

材料

雪糕适量，咖啡豆 15 克，冷水 50 毫升

制作方法

1 将咖啡豆放入磨豆机中，磨成粉状（具有颗粒感的面粉状粉末）。
2 将磨好的咖啡粉放入摩卡壶的粉槽中。
3 向摩卡壶的下座倒入冷水。
4 将粉槽安装到咖啡壶下座上。
5 将咖啡壶的上座与下座连接起来。
6 将摩卡壶放在燃气炉上加热 3 ～ 5 分钟，使咖啡往外溢出。
7 当萃取完所有的咖啡后将摩卡壶从燃气炉上取下。
8 将咖啡倒入装有雪糕的杯子中。

苹果玫瑰花

材料

主料

低筋面粉 100 克，黄油 30 克，苹果 2 个

辅料

白糖 30 克，清水 250 毫升，蜂蜜 3 毫升，糖粉适量，柠檬汁几滴

制作方法

1 苹果对半切开，切片。
2 锅里倒入清水，然后倒入白糖，挤几滴柠檬汁，煮成糖浆，放入苹果片。
3 将苹果片煮约 1 分钟至软，捞起沥干水分，糖水留用。
4 黄油倒入大碗中，加入低筋面粉，用手揉搓均匀。
5 倒入适量糖水搅拌均匀，倒在案台上用手和成面团，再用擀面杖擀成片，越薄越好。
6 将面片切成长条，将煮好的苹果片在长条面片上后一个压前一个依次摆放好，从右向左卷起，封口处捏紧。
7 将卷好的苹果玫瑰花整理好，放入蛋糕模里。
8 将生坯放入预热好的烤箱，以上火 170℃、下火 150℃的温度，烤 20 ~ 25 分钟，出炉前 5 分钟左右刷上蜂蜜，完成烘烤，出炉后撒上糖粉即可。

维也纳咖啡 & 清爽黄桃乳酪派

维也纳咖啡

材料

咖啡豆 15 克，热水 270 毫升，黄砂糖 5 克，淡奶油适量

制作方法

1 将咖啡豆放入磨豆机中，磨成粉状。将热水倒入下壶中。
2 把浸泡在水中的过滤器取出，放进上壶，用手拉住铁链尾端，轻轻钩在玻璃管末端，使过滤器位于上壶的中心部位。
3 将底部燃气炉点燃，把上壶斜插入下壶中，等下壶的水烧开时将橡胶边缘抵住下壶的壶嘴，使铁链浸泡在下壶的水里。
4 在下壶连续冒出大泡泡的时候，可以看到下壶的水开始往上冒，待水完全上升至上壶以后，先别急，稍待几秒钟，等上升至上壶的气泡减少一些后再准备倒进咖啡粉。
5 倒入咖啡粉，用木勺左右拨动，搅拌 10 次左右，使咖啡粉均匀地溶解至水里。
6 25 秒后用木棒进行第二次搅拌，搅拌 1 分钟后熄灭燃气炉，等待咖啡滴入下壶中。
7 萃取过程结束后，将下壶分离出来。往备好的杯子中加入黄砂糖，倒入萃取好的咖啡，倒入淡奶油，饮用时拌匀即可。

清爽黄桃乳酪派

材料

派皮

黄油 48 克，糖粉 20 克，盐 2 克，低筋面粉 75 克

派馅

奶油奶酪 50 克，细砂糖 18 克，酸奶 40 毫升，全蛋液 20 毫升，玉米淀粉 3 克，奶粉 3 克，黄桃适量

制作方法

1 在低筋面粉中倒入糖粉和盐拌匀，加入室温下软化的黄油。
2 用手将其抓匀揉成面团，放到冰箱冷冻至硬。
3 奶油奶酪室温放至软化，加入细砂糖打至顺滑。
4 分次加入全蛋液搅拌均匀，加入酸奶、玉米淀粉和奶粉，分别搅拌均匀即成派馅。
5 取出冷冻好的面团，盖上保鲜膜，用擀面杖擀成面饼，铺入派盘中用手压实，并去除多余的派皮，用叉子在派底插上小孔排气，防止起鼓。
6 将派馅倒入派皮中并轻震出气泡。
7 放入预热好的烤箱中层，以上火 190℃、下火 170℃的温度，烤 15 分钟。
8 烤好后取出，晾凉，整齐地码放上切成薄片的黄桃即可。

冰滴咖啡＆巧克力椰子曲奇

冰滴咖啡

材料

咖啡豆30克，冰块200克，冷开水100毫升

制作方法

1 将冷开水倒入冰块中混合，制成冰水混合物。
2 将咖啡豆放入磨豆机中，用磨豆机5刻度研磨（不同磨豆机的使用刻度存在差异），磨成比粗砂糖细一点的粉末。
3 将磨好的咖啡粉倒入装有滤网的萃取瓶中，并将咖啡粉整平。
4 将萃取瓶置于收集瓶上方，再将滴盘放在萃取瓶上方。
5 将冰水混合物放入盛水器中。
6 慢慢打开水滴调整阀让盛水瓶有水滴流出，以10秒8滴左右的慢速滴滤为佳。
7 待上壶的冰水滴完后，取出萃取瓶。
8 将萃取好的咖啡倒入密封瓶中，盖上盖子，放入冰箱冷藏2天，待咖啡发酵。
9 取出发酵好的咖啡，倒入装有冰块的咖啡杯中即可。

巧克力椰子曲奇

材料

饼干体

无盐黄油 50 克，糖粉 50 克，盐 2 克，鸡蛋液 10 毫升，低筋面粉 170 克，可可粉 10 克

椰子料

椰蓉 20 克，鸡蛋液 10 毫升

制作方法

1 将室温软化的无盐黄油和糖粉放入搅拌盆中，搅拌均匀。
2 加入盐，倒入鸡蛋液继续搅拌，至鸡蛋液、盐与无盐黄油完全融合。
3 筛入可可粉和低筋面粉，用橡皮刮刀搅拌至无干粉，用手轻轻揉成光滑的面团。
4 将面团揉搓成圆柱体，在表面刷鸡蛋液，然后滚上一层椰蓉。用油纸将面团包好，放入冰箱冷冻约 30 分钟。
5 取出面团，用刀将其切成厚度约 4 毫米的饼干坯。
6 将饼干坯放在烤盘上。
7 将烤箱以上、下火 175℃预热，将烤盘置于烤箱中层，烘烤 15 分钟即可。

牛奶咖啡冻 & 芒果芝士夹心蛋糕

牛奶咖啡冻

材料

牛奶80毫升，咖啡豆15克，冷水50毫升

制作方法

1 将咖啡豆放入磨豆机中，磨成粉状（具有颗粒感的面粉状粉末）。
2 将磨好的咖啡粉放入摩卡壶的粉槽中。
3 向摩卡壶的下座倒入冷水。
4 将装满咖啡粉的粉槽安装到咖啡壶下座上。
5 将咖啡壶的上座与下座连接起来。
6 将摩卡壶放在燃气炉上加热3～5分钟，使咖啡往外溢出。
7 当萃取完所有的咖啡后将摩卡壶从燃气炉上取下，将煮好咖啡倒入奶缸中，放凉。
8 将晾凉的咖啡倒入冰格中，放入冰箱冻成冰块。
9 取出冻好的咖啡冰块，放入装有牛奶的杯子中，饮用时搅拌均匀即可。

芒果芝士夹心蛋糕

材料

饼干底

消化饼干 60 克，无盐黄油 35 克

芝士液

奶油奶酪 200 克，芒果泥 100 克，吉利丁片 3 片，细砂糖 40 克，淡奶油 80 毫升，芒果片适量

制作方法

1 将消化饼干碾碎，倒入融化的无盐黄油，搅拌至充分融合，再倒入包好保鲜膜的慕斯圈中，压实，放入冰箱冷冻半小时。

2 将奶油奶酪倒入搅拌盆中，分次加入淡奶油，搅拌均匀。

3 倒入细砂糖，搅拌均匀。

4 将吉利丁片加热融化，倒入步骤 3 的混合物中，搅拌均匀。

5 倒入芒果泥，搅拌均匀，制成芝士液。

6 倒一半芝士液在有饼干的慕斯圈中，放上一层芒果片，再倒入另外一半。

7 放入冰箱冷藏 4 个小时，取出脱模，切块即可。

绿森林咖啡

材料

牛油果 120 克（1 个），意式浓缩咖啡 30 毫升，冰激凌适量，淡奶油适量，巧克力酱适量

制作方法

1 将牛油果对半切开，取出果核。
2 用勺子将牛油果肉挖出，放入榨汁机中。
3 加入淡奶油，用榨汁机将其打成牛油果泥。
4 向备好的玻璃杯中放入冰激凌，挤上适量巧克力酱。
5 倒入一半牛油果泥，再放入冰激凌，挤上巧克力酱。
6 倒入剩余的牛油果泥，放入冰激凌，挤上巧克力酱。
7 最后将意式浓缩咖啡沿着杯壁倒入杯中即可。

芒果班戟

材料

牛奶 120 毫升，芒果 1 个，黄油 8 克，鸡蛋 1 个，低筋面粉 45 克，糖粉 10 克，淡奶油 100 毫升，白砂糖 30 克

制作方法

1 鸡蛋倒入大碗中，加入糖粉搅拌均匀，勿打发。
2 倒入牛奶搅拌均匀，筛入低筋面粉拌匀。
3 黄油倒入奶锅，加热融化后，倒入蛋奶糊中，搅拌均匀，过筛至干净的碗中，静置半小时。
4 平底锅小火，倒入适量的蛋奶糊，摊成圆形，无需放油，也无需翻面，凝固即可取出。
5 淡奶油加入白砂糖打发至干性发泡，即可以明显看到花纹不消失的状态。
6 将打发好的奶油放入摊好冷却后的面皮中，摆上芒果丁，折叠好，收口朝下即可。

豆奶咖啡 & 香蕉派

豆奶咖啡

材料

意式浓缩咖啡 30 毫升，豆奶 200 毫升

制作方法

1 将豆奶倒入扎壶（发泡钢杯）中，打成奶泡。
2 将萃取好的浓缩咖啡倒入咖啡杯中。
3 倒入豆奶奶泡，拉出好看的图案，饮用时搅拌均匀即可。

香蕉派

材料

派皮

黄油 75 克，低筋面粉 130 克，糖粉 10 克，盐 1 克

派馅

香蕉 2 根，鲜奶油 90 毫升，鸡蛋 2 个，细砂糖 50 克，牛奶 90 毫升，蜂蜜 1 小勺

制作方法

1 派皮的做法：黄油用打蛋器打至顺滑，加入糖粉和盐拌匀。

2 加入低筋面粉拌匀，制成派皮，装入保鲜袋，放入冰箱冷藏 30 分钟。

3 取出冷藏好的派皮擀开，擀成面皮，铺入派模，去除边缘，用叉子扎眼，放入冰箱冷冻 20 分钟。

4 派馅的做法：细砂糖倒入大碗中，加入鸡蛋打散，分别加入鲜奶油、牛奶和蜂蜜搅拌均匀，制成派馅。

5 取出冷冻好的派皮，将香蕉切片，摆入派皮中，倒入馅料，再摆上几片香蕉，放入烤盘中。

6 把烤盘放进预热好的烤箱中，以上火 215℃、下火 175℃烤 20 分钟，根据上色情况，可将烘烤时间延长 3 ~ 5 分钟。

海盐咖啡 & 草莓慕斯

海盐咖啡

材料

黑咖啡 200 毫升，淡奶油 100 毫升，芝士粉 10 克，玫瑰盐 3 克

制作方法

1 将淡奶油倒入铁盆中，加入芝士粉，打发成奶油泡。
2 将萃取好的黑咖啡倒入咖啡杯中。
3 用打发好的奶油泡封顶。
4 最后撒上玫瑰盐，饮用时搅拌均匀即可。

草莓慕斯

材料

慕斯液

原味戚风蛋糕 1 片，已打发的淡奶油 160 毫升，新鲜草莓汁 230 毫升，细砂糖 70 克，吉利丁片 10 克，柠檬汁 15 克，草莓丁 70 克

装饰

镜面果胶 20 克，草莓酱、草莓、夏威夷果仁各适量

制作方法

1 将吉利丁片用水泡软，挤干水分，取 5 克加热至熔化。
2 将新鲜草莓汁和柠檬汁倒入搅拌盆中，与细砂糖及步骤 1 中的吉利丁溶液混合均匀。
3 将已打发的淡奶油倒入步骤 2 的混合液中，搅拌均匀。
4 在模具底部铺好原味戚风蛋糕，倒入步骤 3 中一半的慕斯液，放上草莓丁。
5 再倒入剩余的慕斯液，抹平，放入冰箱冷藏 4 小时或以上。
6 将草莓酱过滤放入搅拌盆中，剩余的 5 克吉利丁片隔水加热熔化，倒入搅拌盆中，再加入镜面果胶，搅拌均匀。
7 取出已凝固的慕斯蛋糕，将步骤 6 的混合物倒在表面，放回冰箱冷藏至凝固。
8 取出蛋糕，脱模，最后放上草莓和夏威夷果仁装饰即可。